요리스타 청❹

1판 1쇄 발행 | 2014. 9. 29.
1판 8쇄 발행 | 2023. 12. 5.

조재호 글 | 은하수 그림 | 요리조리스쿨 기획 | 정혜정 요리 감수

발행처 김영사 | **발행인** 고세규
표지 디자인 김민혜
등록번호 제 406-2003-036호 | **등록일자** 1979. 5. 17.
주소 경기도 파주시 문발로 197(우-10881)
전화 마케팅부 031-955-3100 | 편집부 031-955-3113~20 | 팩스 031-955-3111

값은 표지에 있습니다.
ISBN 978-89-349-6892-4   17590
ISBN 978-89-349-6526-8   (세트)

좋은 독자가 좋은 책을 만듭니다. 김영사는 독자 여러분의 의견에 항상 귀 기울이고 있습니다.
전자우편 book@gimmyoung.com | 홈페이지 www.gimmyoungjr.com

어린이제품 안전특별법에 의한 표시사항
제품명 도서 **제조년월일** 2023년 12월 5일 **제조사명** 김영사 **주소** 10881 경기도 파주시 문발로 197
전화번호 031-955-3100 **제조국명** 대한민국 ⚠**주의** 책 모서리에 찍히거나 책장에 베이지 않게 조심하세요.

신 나고 바른 식문화를 위해

안녕하세요, 독자 여러분?《요리스타 청》의 스토리를 맡고 있는 만화가 조재호와 그림을 그리고 있는 만화가 은하수입니다.

저희는 함께 만화를 그리고 있는 동료인 동시에 두 아이를 키우고 있는 부부이기도 합니다. 저희 아이들도《요리스타 청》을 보고 있는 여러분과 비슷한 또래들이에요. 아이들을 키우면서 가장 신경 쓰이는 것 중 하나가 바로 음식입니다. 음식은 아이들의 건강과 성장에 직결되는 문제인 데다가 최근 유전자 조작 식품이다, 방사능 해산물이다 해서 식재료에 대한 흉흉한 이야기들이 워낙 많다 보니 부모로서 자연스레 관심이 갈 수밖에 없지요. 되도록이면 믿을 수 있는 재료를 직접 골라 집에서 제대로 만든 음식만 먹이고 싶지만 그게 생각처럼 쉬운 일은 아닙니다. 각종 패스트푸드와 인스턴트식품들의 광고를 보고 있노라면

어른들도 그 달콤한 유혹을 이겨 내기 힘든데 아이들은 오죽하겠어요? 그래서 저희는 음식에 대해 본격적으로 알아보기로 결심했습니다. 인스턴트식품들이 나쁘다면 왜 나쁜지, 꼭 먹어야 한다면 슬기롭게 먹는 방법은 무엇인지에서부터 아이들의 건강은 물론, 입맛까지 챙겨 줄 수 있는 좋은 먹거리와 바른 조리법에 대해 고민하기 시작한 것

이지요. 그리고 그러한 고민의 결과를 독자 여러분과 나누어야겠다는 결심에서 시작하게 된 만화가 바로 《요리스타 청》입니다.

저희 부부는 예전에 요리 학원을 잠깐 다닌 적이 있지만 그것만으로는 요리 만화를 그리는 데 부족함이 많았습니다. 이를 극복하기 위해 시중에 나온 요리 관련 서적들을 열심히 본 것은 물론이거니와 평소에 안 먹던 음식들도 열심히 먹어 보았습니다. 여러 전문가들의 도움도 받았지요. 동아사이언스의 과학 전문 기자들과 함께 요리와 관련된 과학 지식들을 익히기도 했고, 요리 학교의 선생님들로부터 조언도 구했습니다. 또한 현장에서 요리를 익히는 학생들의 모습을 놓치지 않기 위해 요리 학교 학생들을 인터뷰하고, 학생들이 실습하는 모습도 스케치했습니다.

《요리스타 청》은 독자 여러분에게 단순히 '음식은 무조건 골고루 먹어야 하고, 불량식품은 절대 먹어선 안 돼!'라고 강요하는 만화가 아닙니다. 우리 주인 공 청이의 좌충우돌 흥미진진한 학교생활을 즐기면서 만화에 나오는 멋진 요리들을 감상하다 보면 자신도 모르는 사이에 음식이 왜 소중한지, 우리는 어떤 음식을 어떻게 먹고 살아야 하는지 자연스럽게 깨닫게 될 거예요.

만화가 조재호 · 은하수

추천의 말

몸과 마음을 예쁘게 성장시켜 주는 책

안녕하세요? 《요리스타 청》의 요리 교실을 맡고 있는 정혜정입니다.

저는 전주에 있는 국제한식조리학교에서 학생들에게 요리를 가르치고 있는 선생님입니다. 《요리스타 청》의 독자 여러분에게도 맛있는 요리 비법을 하나씩 소개해 주려고 해요. 주방장이 될 것도 아닌데 요리를 배워서 뭐하느냐고요? 여러분은 가족이나 친구들과 맛있는 음식을 먹으면 어떤 기분이 드세요? 신나고 행복하지 않나요? 그래요. 맛있는 음식은 사람들을 행복하게 만든답니다. 여러분도 정성이 깃든 맛있는 요리를 통해 주위 사람들을 기쁘게 해주는 건 어떨까요? 요리는 여러분을 인기 있는 멋쟁이로 만들어 줄 수 있어요.

요리에는 또 다른 놀라운 힘이 있어요. 요리를 하다 보면 성장기에 있는 여러분의 두뇌가 쑥쑥 성장한다는 사실, 알고 있나요? 요리를 만들기 위해 밀가루를 반죽하고, 예쁘게 재료를 다듬고, 냄새를 맡는 등의 행위 자체가 여러분의 감성과 집중력, 지성 등을 길러 주는 훈련이 된답니다. 뿐만 아니라 물을 끓이고, 재료를 익히는 등의 과정을 통해 요리에 숨어 있는 물리, 화학, 생물, 의학 등 각종 과학 지식을 자연스럽게 몸에 익힐 수도 있어요. 여러분이 요리를 통해서 과학

을 좀 더 쉽고 친근하게 만날 수 있도록 선생님도 노력하겠습니다.

친구들은 오늘 어떤 음식을 먹었나요? 김치와 된장찌개? 혹은 샌드위치나 피자? 혹시 먹기 싫다고 투정부리지는 않았나요? 어떤 것이든 우리가 먹는 모든 음식에는 인류의 역사가 담겨 있다고 해도 과언이 아니에요. 인류의 조상들이 농사를 짓고 사냥을 하는 등 어렵게 얻은 식재료들을 어떻게 하면 좀 더 맛있고 영양가 있게 먹을 수 있을까 연구하고 고민한 끝에 만들어진 결과물이 오늘날 우리가 먹는 여러 음식들인 거예요. 오늘 저녁에는 밥상에 있는 음식들을 보면서 그 안에 깃들어 있는 우리의 문화와 조상들의 지혜를 느끼려고 한번 노력해 보세요. 평소 아무렇지도 않게 생각하던 음식들이 한결 맛있게 느껴질 거예요.

여러분이 건강하고 바르게 성장하는 데 가장 중요한 게 무엇일까요? 바로 음식이에요. 그런 의미에서 저는 여러분께 《요리스타 청》을 추천합니다. 이 만화는 단순히 요리와 관련된 지식만을 알려주거나, 불량 식품은 몸에 해로우니 먹지 말라고 훈계하는 그런 만화가 아니에요. 우리가 올바르게 성장하기 위해서는 어떤 음식을 먹어야 하며, 그러한 음식들이 얼마나 소중한 것인지 일깨워 주는 만화랍니다. 만화에 나오는 주인공들처럼 몸도 마음도 예쁘고 멋있게 성장하고 싶다면 《요리스타 청》을 읽어 보세요.

정혜정 (국제한식조리학교 교장)

등장인물 소개

청이

국제조리영재학교의 대표가 되어 요리스타 코리아 대회에 도전한 조선 시대의 생각시. 비록 요리에 대한 과학적인 지식은 부족하지만 어릴 때부터 좋은 음식을 먹고 자라 요리에 대한 감각이 있다.

특징 : 냄새만 맡아도 재료를 알아맞힐 수 있는 절대 후각

한울

국제조리영재학교 5학년에 재학 중인 꽃미남 학생. 요리 실력이 뛰어나고 외모도 범상치 않아 'A클래스'로 통한다. 하지만 진짜 정체는 조선 시대의 성군으로 유명한 세종대왕! 어린 시절 얻은 피부병을 치료하기 위해 현대에 와 있다.

특징 : 여자아이들의 인기를 한 몸에 받는 잘생긴 외모

가연

국제조리영재 학교 5학년에 재학 중인 여학생. 한울이와 함께 'A클래스' 멤버이다. 평소에는 선생님들의 신망이 두터운 믿음직한 학생이지만 음흉한 속내를 감추고 있다. 한울이와 친한 청이를 질투한다.

특징 : 어쩐지 어설픈 요리 지식

채민

프랑스에서 유학하고 있는 요리 영재. 한울에게 남다른 감정을 품고 있다. 자신의 요리에 대해 절대적인 자신감을 지니고 있었으나 청이와 요리 대결을 펼치면서 자만심에 빠진 자신의 모습을 마주하게 된다.

특징 : 매사에 넘치는 자신감

韓食

차례

제1화

미묘한 사각관계

밀도?

밀도는 어디에 있는 섬이옵니까?

서해?

동해? 남해?

하하하, 섬이 아니라 과학 용어야!

어떤 물질의 단위 부피만큼의 질량을 뜻하지.

윽, 또 나왔다. 과학!

현대 어린이는 맛있는 먹거리가 많아서 좋겠지만….

공부할 게 많아서 피곤하겠어!

달걀은 상하면서 내부에 가스가 생겨. 달걀 안의 단백질이 상하면 분자 구조가 변하면서 황화수소와 암모니아 같은 기체가 발생하기 때문이야.

그래서 상한 달걀은 소금물보다 비중이 가벼워져서 둥둥 뜨게 되는 거야~! 비중은 물질의 밀도를 표준 물질의 밀도와 비교한 값을 말해.

비중이 가벼워진 달걀

비중이 무거운 달걀

이번 달걀 시험과 비슷한 경우를 조리 과학에서 쉽게 찾을 수 있어.

대표적인 예가 쌀씻기야. 쌀을 씻을 때 물을 사용하잖아. 밀도가 작은 겨나 불순물들이 물에 뜨는 성질을 이용해 쌀과 분리시키는 거지.

튀김 요리를 할 때도 가라앉았던 재료가 위로 떠오르면 다 익었다고 생각하고 꺼내잖아.

뜨거운 기름의 열로 튀김 속에 들어있던 수분이 빠져나가니까 질량이 줄어들고 밀도는 작아져서 떠오르는 거지.

퐁
퐁

우아~!

그럼 어머니도 과학을 알고 계셨단 말인가?

앗, 저기 봐! 청이야!

역시 우리 영재학교 친구들은 모두 소금물을 만들어서 신선한 달걀을 고르고 있어!

아이 쯔짜! 진짜

째깍
5, 4!
2!
3!
째깍

1!

땡땡! 모두 싱크대에서 손을 떼세요!

그럼 지금부터 요리스타 본선 2차대회 통과자를 뽑겠습니다!

와아

우선 달걀을 깬 참가팀은 전원 탈락!

와

으아악~! 안 돼요!

이렇게 떨어질 수는 없어!

와

가장 먼저 신선한 달걀을 골라 낸 팀은 어디지?

여기예요, 선생님!

신선한 달걀은 어느 거지?

오호~, 또 너구나!

이것이옵니다.

딩동댕~! 정답! 통과!

꺄~아

2조도 통과!
3조도 통과!

또..또..

꺄아악~,
선배님!

슬쩍

네가 1등으로
신선한 달걀을
골라 냈다고?
제법인데!

1학년
신입생이니?

꾸벅

안녕하시
옵니까~!

조선 시대 수라간에서 온
생각시 청이라 하옵니다.

잘
부탁드리옵니다.

호호호~,
너 재밌는
아이구나.

조선 시대
생각시라니….

아니,
참이옵니다!

거짓말!

이상
32개 팀
통과!

오늘로써
본격적인 요리
대결을 펼칠
32팀이 모두
결정됐습니다!

Cooking star chef

다음 날.

수라간
T.971-88**

할머니가 옛날에는 정말 예뻤거든.

아, 예~.

지금은 늙어서 키도 이렇게 작아졌지만 한때는 정말…,

동네 총각들이 나 한번 보려고 동네 어귀까지 줄을 늘어섰는데.

오호홍

내가 한번 웃어 주면 열이면 열한 놈이 쓰러졌다니까~!

할머니, 그만하세요! 손발이 오글거려서 나물을 다듬을 수가 없어요.

앗, 전화 왔네요!

여보세요? 누구세요?

야! 너, 누구야?

버럭

댁은 누구신데 전화를 받자마자 반말이오?

너, 청이구나? 나, 가연이! 한울이 휴대폰인데 왜 네가 받아?

윽, 가연 선배.

한울 도련님은 갑자기 약속이 있다고 나가셨습니다. 휴대폰을 깜빡하고 놔두시고요.

채민이랑 데이트 갔구나? 맞지?

헉

어서 문자 좀 확인해 봐! 약속 장소가 있을 거야!

데…, 데이트라고 하면?

남녀칠세 부동석인 조선과는 달리,

몰라 몰라~잉

하하하

대한민국에선 남녀가 단 둘이서 맛있는 것도 먹고 놀이도 즐기면서….

그래! 그거야! 손을 잡을 수도 있어!

부르르…

소…, 소…,
소…, 소…,
소…, 소…,
소…, 소…,
소…, 소…,
소…, 소…,
손까지…!

그건 아니 되옵니다!

할머니! 소녀 급히 나갔다 오겠습니다!

?

무슨 전화길래 이 난리냐?

신발은 신고 가야지!

파 파 팍

…….

손을 잡게 되면…

혼인하셔야 할 터인데…

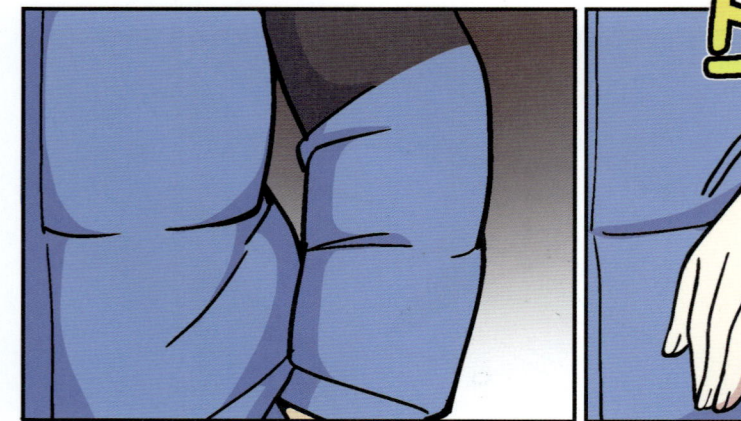

어, 왜 그래?

추워서~!

꼬

옥

저런 요망한 것!

백 년 묵은
조선 산삼…!

턱

쿠
오
오

솟아라!

왜 이러십니까?
이거 놓으셔요!

저런
요망한 크레파스
우라늄을!

아직 안 돼.
조금 더
지켜보자.

근데 너
오늘 완전
맘에 든다.

욱

우 욱

욱~,
욱~!

아주 깨가
쏟아지는군요!

그러게…

ㅌ
ㅇ

짜장면
나왔습니다~!

헉, 무슨 음식이
자리에 앉자마자
나와요?

원래 그래!

소똥이라니!
어린이 외식
선호도 1순위!

한번 빠지면
영원히 나올 수 없는
마약 같은 음식이야!

이 못생긴 면은
무엇이옵니까?
시키면 소똥처럼
맛없어
보이는데…

1 ㅇ

중 화 요
어 서 오 세 요

!

오옷~! 그런 걸
세자마마가 드시게
해선 안 되죠!

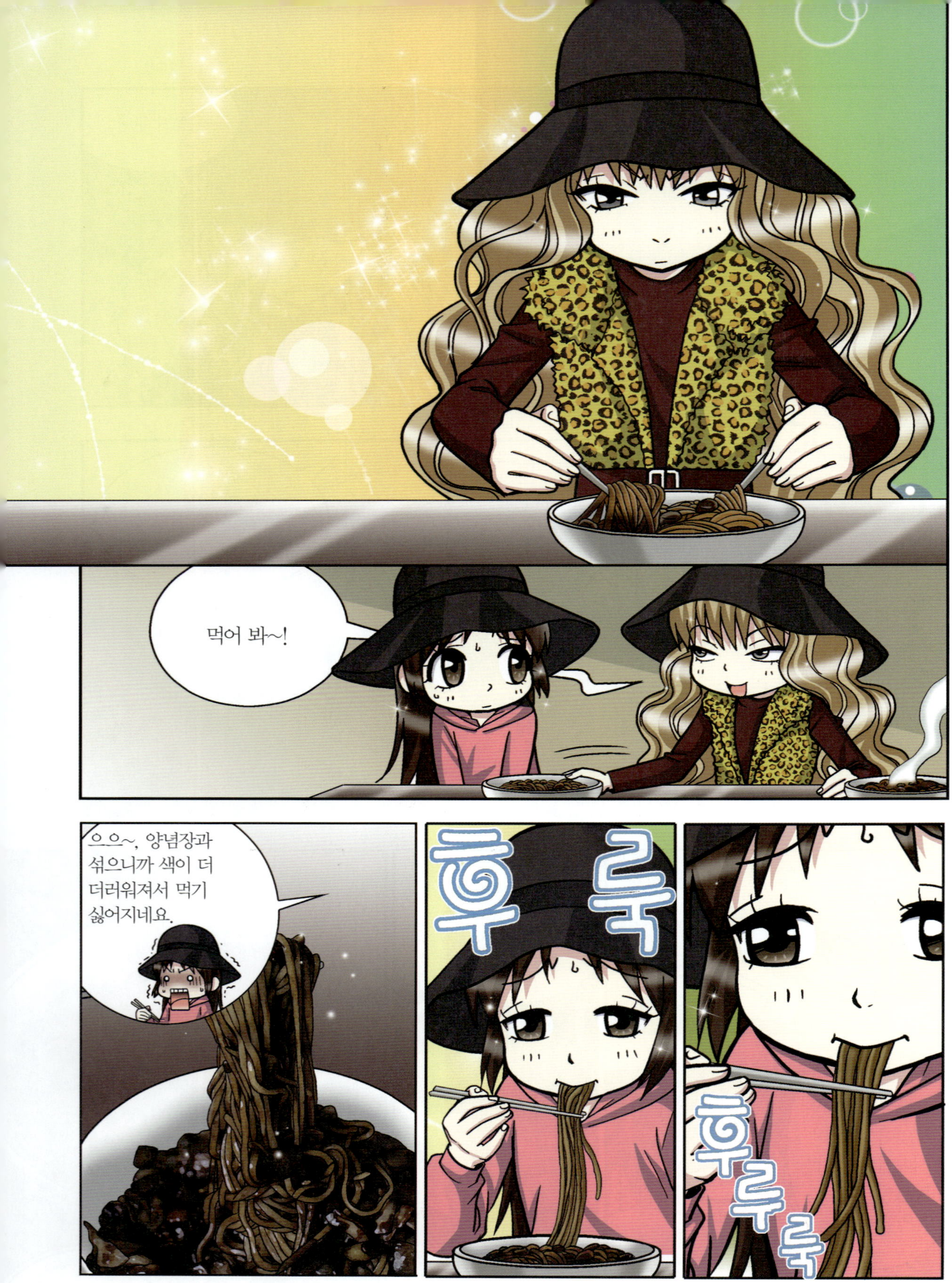

먹어 봐~!

으으~, 양념장과 섞으니까 색이 더 더러워져서 먹기 싫어지네요.

후
루

후
루
룩

후르르 후르르르후룩
후르르 후룩
후르르
후르르 쩝쩝

어머머, 애 왜 이러니? 천천히 좀 먹어!

그러다가 체하겠다!

휙 벌떡

내 거야! 짜장면!

내 놔!

어머머!

휘익

후르르르 르르르—

오옷…, 세상에 이렇게나 맛있는 음식이 있다니!

내 손에 짜장면 한 그릇 있으니 무릉도원이 따로 없구나!

펑 펑

탁

앗, 가연 선배는 어디 갔지?

으으으…, 엉덩이야.

어디 다녀오셨어요?

그걸 몰라서 묻니?

혁 혁

뭐야, 벌써 다 먹었잖아! 으으…, 더러워라.

더럽다뇨?

짜장면 그릇 안에 침이 잔뜩 고여 있잖아!

치…, 침이요?

여기 남은 국물들이 입에서 나온 침이라고!

짜장면 한 그릇 먹는데 침이 이렇게 많이 나올 수 있나?

화 끈

차…, 창피해!

흥, 생각시니 뭐니 하면서 고상한 척은 다 하더니…, 더럽게!

후룩

나처럼 이렇게 한 가닥씩 먹어야지!

잠깐!

부끄러워
하지 마!
그거 침
아니거든!

앗, 우리가
몰래 따라온
거 들켰다!

뭐?

프랑스에
있는 네가
뭘 안다고
그래?
TV에서
분명히 다
침이라고
그랬거든!

중국 음식에서는
물과 녹말을 1 : 1 비율로
섞은 '물녹말'을
만들어서 사용해!

짜장면을 만들 때도
마찬가지! 채소와 춘장을
같이 볶은 뒤 마지막에
물녹말을 넣지.

그러면 국물이
걸쭉해지고 면은
광택이 나서 훨씬
맛있어 보이거든!

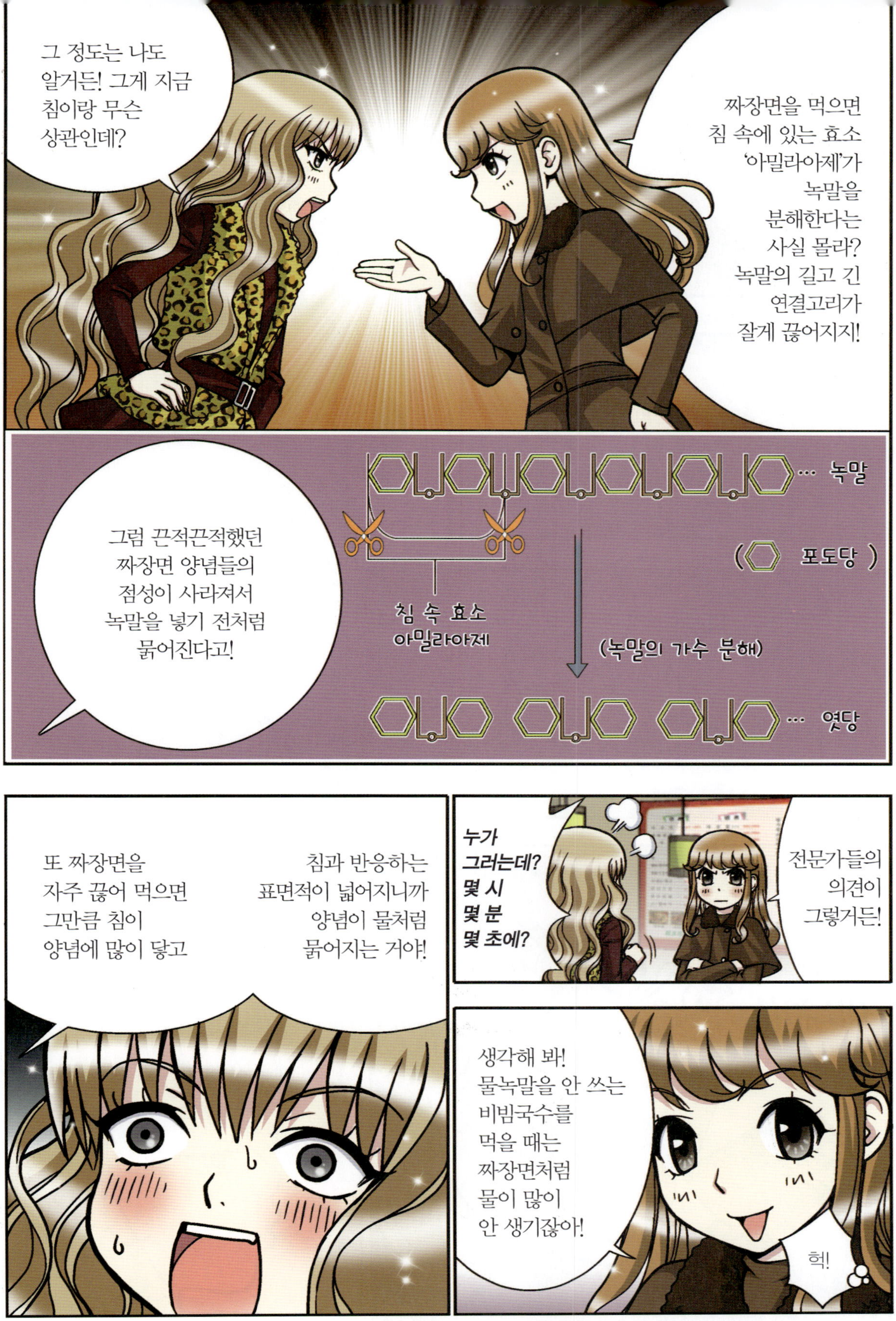

이게 너와 나의
차이야, 알겠어?

인정해!
그럼 마음이라도
편해질 테니….

이 아…

또각

또각

야, 너희들
친구끼리
왜 그래?

하나 더 알고
모르는 게 무슨
상관이라고!

허둥

지둥

친구
아니야!

쟤는 내 친구
아니야!

흥~!

나 일주일 뒤면 다시 프랑스로 떠난단 말이야!

전화할게.

빨리 와!

예에? 지…, 집에요?

한울아, 우리 오늘 데이트하기로 한 날이잖아.

예, 도련님!

참나, 기가 막혀서…. 갑자기 왜 저러는 거야?

슬떡

메~롱?

세자마마….

울라 불라
레스토랑

한정식 식당
수라간

수
라
간

칙

칙

칙

조리 중에는
아무도
들어오지
말라고 했지!

······

응?

네 이놈!

이런, 이런!
올 게 왔군….

정혜정 선생님의 요리 교실

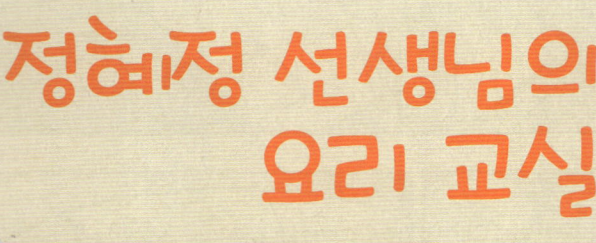

중국에 짜장면과 짬뽕이 있다면 한국에는 칼국수가 있습니다. 실처럼 가닥가닥 나누어지는 면을 가리키는 말에서 유래되었다는 '칼국수'. 손으로 반죽하고 자른 면은 기계로 만든 것보다 쫄깃하죠. 겉절이 김치와 환상의 조화를 이루는 칼국수를 직접 만들어 봐요! 엄마와 함께 조물조물 밀가루 반죽을 만들고 밀대로 밀어 칼로 썰어 내면 울퉁불퉁 못생겼지만 훨씬 맛있답니다! 그럼 다 함께 만들어 봐요~.

칼국수

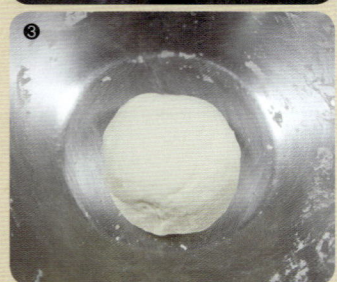

재료(1~2인분 기준) 밀가루 100g, 물 30g, 애호박 20g, 당근 20g, 감자 50g, 멸치 한 줌, 다시마 조금, 소금, 국간장

❶ 멸치와 다시마를 물에 넣고 끓여 육수를 만든다.
❷ 애호박, 당근, 감자는 예쁘게 자른다.
❸ 밀가루에 소금, 물을 넣고 반죽한다.
❹ 만든 반죽을 밀대로 넓게 편 다음, 돌돌 말아서 칼로 썰어 면을 만든다.
❺ 끓여 놓은 육수에 면을 넣고 팔팔 끓이다가 야채를 넣고 끓인다.
❻ 국간장, 소금으로 간을 맞추어 완성한다.

잠깐!

▶ 호박, 당근 말고도 좋아하는 채소를 넣으면 맛있어요. 육수를 만들 때는 멸치 대신 쇠고기를 넣어 우려낼 수도 있답니다~. 또 육수를 만들 때 깨끗하게 씻은 바지락을 함께 넣고 끓이면 시원한 바지락 칼국수를 즐길 수 있지요.

글루텐은 죄가 없다!

최근 '글루텐 프리(Gluten free)' 제품이 인기다. 글루텐이 들어 있지 않아 건강한 제품이라는 주장이다. 그러나 글루텐은 밀가루에 들어 있는 단백질일 뿐 위험한 성분이 아니다. 다만 일부 사람들에게는 알레르기 발생의 원인이 되기도 하는데 이를 '셀리악(celiac) 병'이라고 한다. 따라서 글루텐 프리 제품은 선천적으로 글루텐을 소화시키지 못하는 사람들에게 이로울 뿐 다른 사람들에게도 좋다고 할 수는 없다. 그러니 밀가루와 글루텐에 대한 오해는 이제 그만!

쫄깃한 면은 소금, 힘, 시간!

면발의 핵심은 역시 쫄깃함! 쫄깃한 면을 먹기 위해선 반죽 과정에서 소금, 힘, 시간만 기억하면 된다. 우선 밀가루를 반죽할 때 소금을 조금 넣는 것이 첫 번째 비법. 소금과 함께 콩가루를 넣으면 쫄깃함은 배가 된다. 또 쫄깃함은 힘과 시간에 비례하기 때문에 밀가루 반죽을 오랜 시간 동안 힘을 주어 팍팍 치댈수록 쫄깃한 면을 즐길 수 있다. 마지막으로 말랑말랑해진 반죽을 비닐 팩에 싸서 냉장고에서 숙성시키면 쫄깃함이 최고조가 되는 일품 면발 완성!

제2화

무적 파이터,
아빠!

네 이놈!
네 죄를
네가 알렷다!
어서 무릎을
꿇어라!

싫은데~!

으드득

다 알고
왔다!

항아리를
훔치려 했던
놈이 바로
너지?

응. 맞아!

항아리로 한 번 더
조선 시대에 세상을
혼란에 빠뜨리려
했느냐?

음~!
그렇네.

그것도
틀린
얘기는
아니겠다.

고~, 얀놈~!
수 년 전 항아리를
통해 궁에 들어와
조선의 의궤를
훔친 사실도
틀림 없으렷다!

잠깐!

그건 아니지.
스승님이 보름달 뜰 때마다
항아리 앞에서 수상한 얘기를
하시길래 몰래 항아리에
들어간 건 맞아.

오?

비나이다..
비나이다..

하지만 의궤를
훔치진 않았어!

만약 내가 그걸
갖고 있었다면….

휘익

고작
달걀프라이나
써 있는
조선 시대
조리서를
1000만 원이나
주고
샀겠냐?

파
파
팟

네 이놈!
말로 해서는
안 되겠구나!

쳇~!

짝
짝
짝

부르셨습니까,
셰프!
분부만 내려
주십시오!

공격!
공격!

와아아

!!

으라차차!

솟아라,
신토불이의
힘!

휘익

휘
이
익

휘익

저···, 저기요.
내금위장님! 말로 합시다.

그러니까
어떻게
된 거냐면···.
이러쿵···.
저러쿵···.

으아아아!

뭐, 저런 괴물이
다 있어?

변명은
듣지
않겠다!

으악,
주먹이야!

텅

방탄벽?

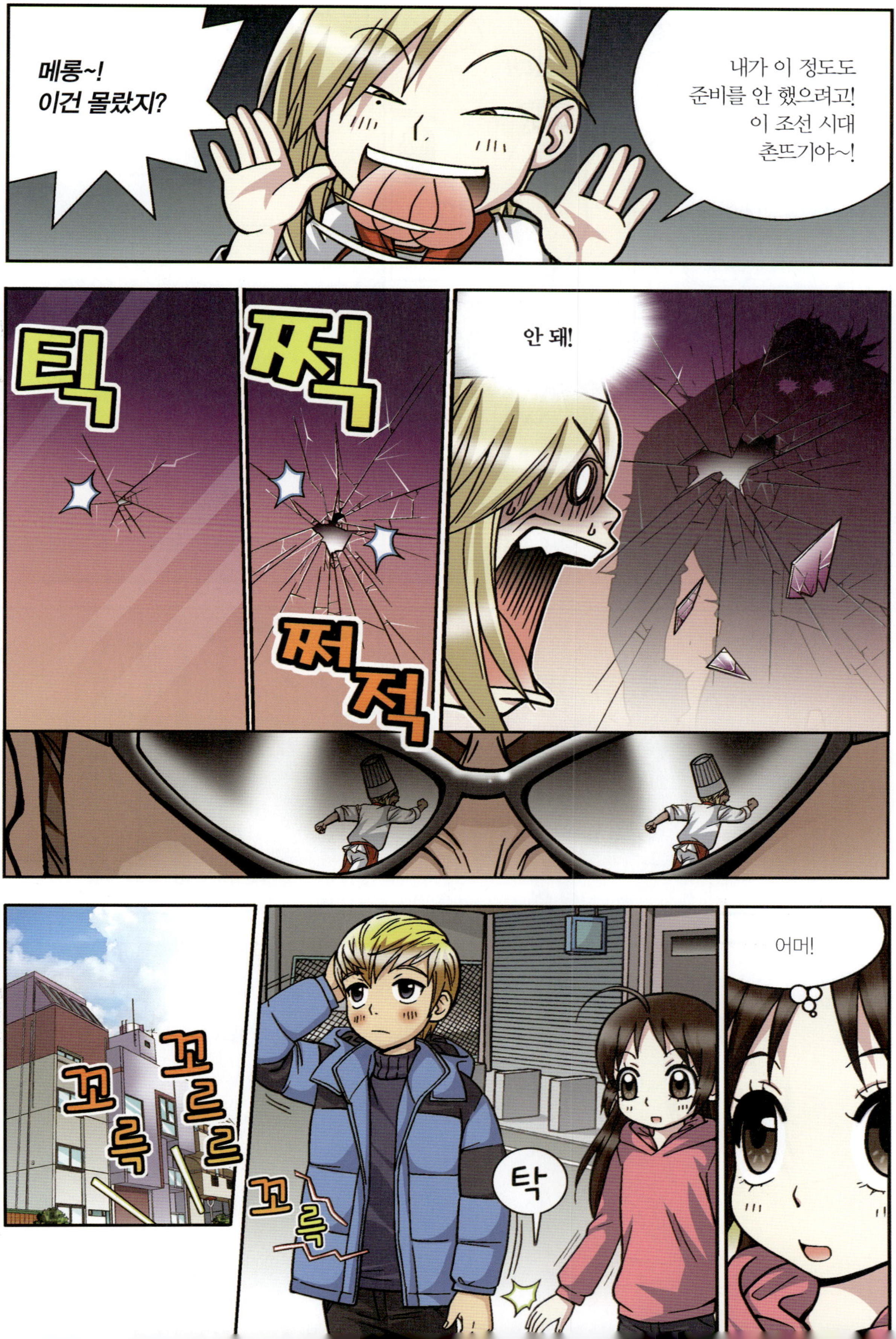

메롱~!
이건 몰랐지?

내가 이 정도도
준비를 안 했으려고!
이 조선 시대
촌뜨기야~!

틱

쩍

쩌적

안 돼!

꼬
르
륵

꼬
르
륵

꼬륵

탁

어머!

으아악!
너희들
때문에!

내가 가장
좋아하는
짜장면도
못 먹고!

……

앗,
맛있겠다!

뽀글
뽀글

아줌마,
꼬치 하나에
얼마예요?

500원.

마미분식

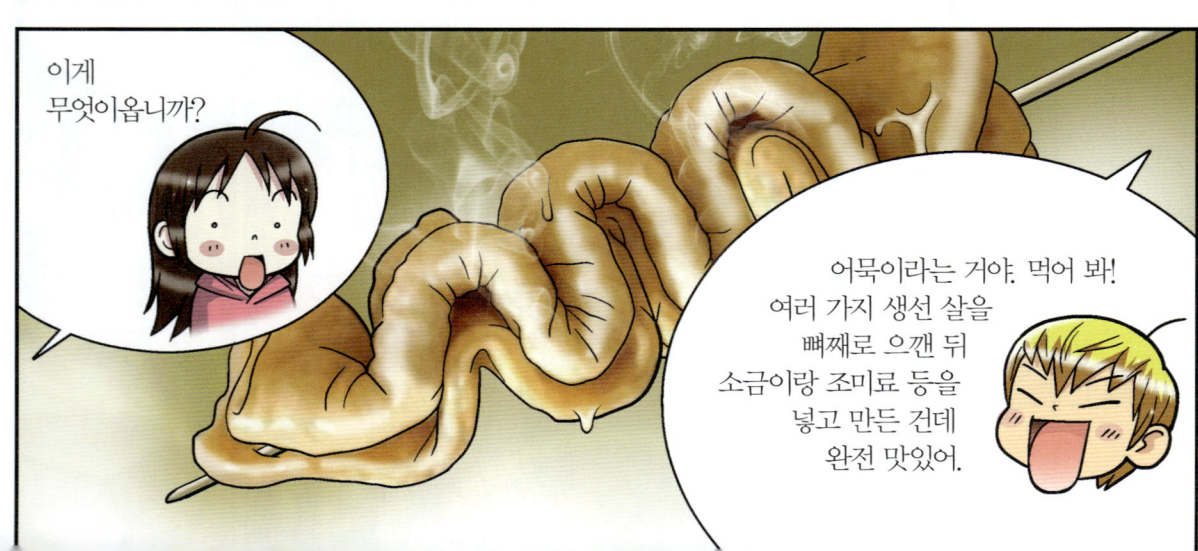

이게
무엇이옵니까?

어묵이라는 거야. 먹어 봐!
여러 가지 생선 살을
뼈째로 으깬 뒤
소금이랑 조미료 등을
넣고 만든 건데
완전 맛있어.

생선을 으깬 거라고? 대체 어떤 생선이길래….

앗, 뜨거워라!

아차, 뜨거우니 조심해!

냠냠냠

이상하옵니다, 도련님.

뭐가?

생선으로 만들었다고 하셨으나 전혀 생선의 식감이 아니옵니다.

그리고 생선 살은 이렇게 뭉쳐지지 않아요.

그래? 난 아무 생각 없이 먹었는데….

너, 음식에 대해 좀 아는구나?

소금이 들어가 있어서 뭉쳐질 수 있는 거란다.

국물도 먹어 봐

소금요?

소금에는 단백질을 녹이는 성질이 있거든.

?

🍳 요리조리 과학 이야기

어묵 속 과학 상식

상식 ❶ 부드럽고 맛있는 어묵은 고체처럼 보이지만 사실은 고체도 액체도 아닌 겔(gel)상태의 물질이랍니다. 쉽게 말해서 고체 형태지만 단단하게 고정된 상태가 아니에요. 우리가 알고 있는 두부, 양갱, 푸딩, 젤리도 모두 겔 상태의 물질이지요.

상식 ❷ 소금에는 단백질을 녹이는 성질이 있어요. 잘게 자른 생선살에 소금을 섞으면 단백질이 소금에 녹아 점성용액, 즉 졸(sol)상태가 돼요. 이 용액에 열을 가했다가 식히면 생선 살의 단백질이 굳으며 겔 상태인 어묵이 된답니다.

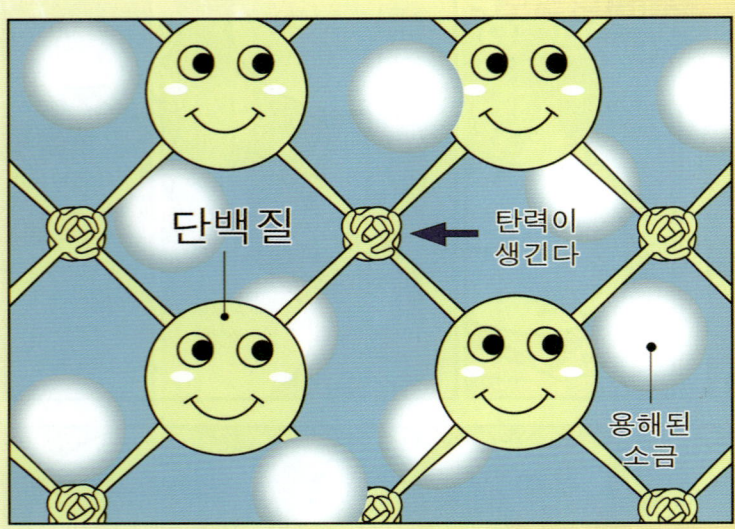

단백질

탄력이 생긴다

용해된 소금

상식 ❸ 오뎅과 어묵은 다른 음식이에요. 일본 음식인 '오뎅(おでん)'은 무, 어묵, 곤약, 유부 등을 넣고 끓인 탕이에요. 흔히 말하는 오뎅탕이 바로 '오뎅'인 셈이죠. 어묵은 오뎅에 들어가는 재료 중 하나로 일본어로는 '가마보코(かまぼこ)'라고 부른답니다.

참으로 신기한 소금의 능력이군요.

헉~! 내가 언제 이렇게 많이 먹었지?

혹시 우리한테 말 시키면서 어묵 많이 먹게 한 거 아니에요?

앗, 들켰다!

이렇게 집까지 걸어가실 겁니까?

콩

응, 머리가 복잡해.

콩

가연이도 참….

날 진짜 좋아하지도 않으면서 왜 그러는 거야?

채민이랑 나랑 친한 걸 보고 나서 나한테 관심을 갖기 시작한 거야.

네?

샘이 난 거지….

…….
마마는 아직 여자 마음을 너무 모르옵니다!

따르릉

앗, 교장 선생님이시네.

여보세요~.

아…, 아버님!

도와줘! 아…, 악당들이 나를…!

악당요?

제3화

함정에 빠진 청이!

앙!

교장 선생님! 악당이라뇨?

목소리는 왜 그러세요?

어서 청이나 바꿔!

네네~. 청이야, 너 바꿔 달래.

전화 바꿨습니다.

청아, 빨리 오거라! 여기…, 여기는…, 으윽!

아얏!

학교 실습실이다.
으으….

내가 요리 말고
성대모사도
좀 하지롱~.

히히히

10분 전.

쩍

쩌적

쩌적

이제 모두 끝났다!
어서 의궤를 내놓고
오라를 받아라!

으드드득

시…,
싫은데….

턱

에잇!

꾸욱

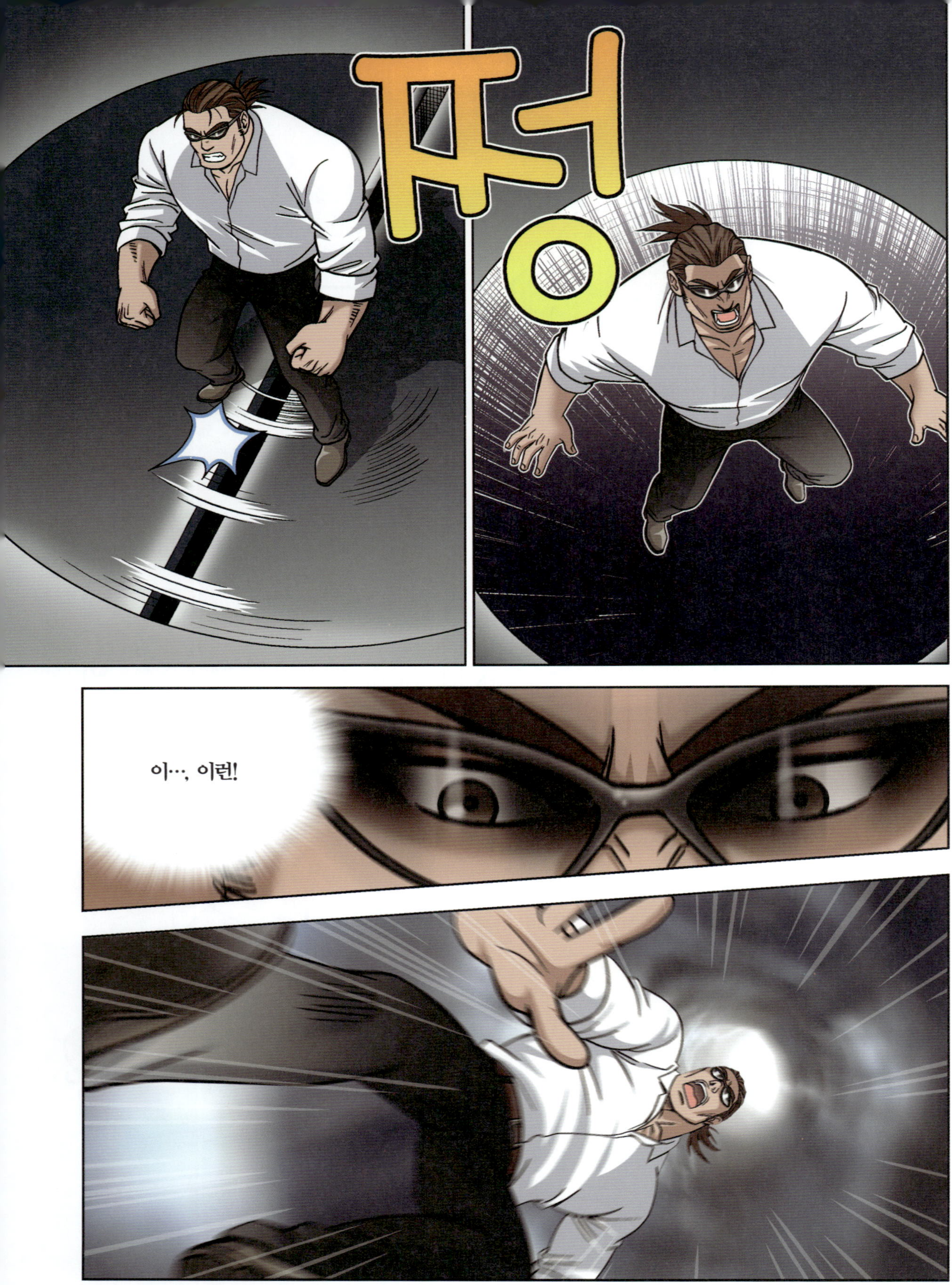

이…, 이런!

다시 10분 후.

학교요!

파

왜?

교장 선생님이 편찮으신 것 같아요!

파파

어디 가?

근데 왜 네가 서두르는 거야?

아~, 와서 죽 끓여 달라고 부탁하셨구나?

아니요. 제 아버님이셔요.

학교까지는 멀어! 버스를 타야 해! 청이야!

오우~, 익스 큐~즈 미.

여기가 육교냐?

육교?

학교야!

응.

하하하, 쏘리쏘리~! 그래, 학교냐?

우아~, 너희 학교 너무 예쁘냐 (예쁘다)!

저 녀석, 뭐라고 하는 거야?

잠깐! 애 어디서 본 것 같은데….

아~, 그래! 요리스타 대회 때 채민이랑 같이 심사 보던 애야!

프랑스에서 채민이가 항상 한국 학교가 예쁘냐~, 예쁘냐~, 했냐!

그래서 나 구경 왔냐.

한국 음식도 많이 배워서 갈 거냐!

다다다다

우와~ 그래도 한국말 좀 하는데...

음.좀

으쓱 으쓱

....

나 K팝도 좋아해서 한국말도 조금 하냐.

앗, 뭐야?

쟤 왜 저래?

피해!

피…, 해? 그건 무슨 말이야?

쾅

아우~, 머리야.
뭐에 부딪힌
거지?

쾅

와우,
한국은 어메이징하냐!

꾸벅

엇, 죄송하옵니다.
제가 너무 바빠서
사과는 나중에
다시 드리지요.

우아!
예쁘냐!

청이
왔어요.

아니,
벌써?

그런데 왜 꼭 청이가
필요한 거죠?

말했잖아.
악마의 소스는
아직 미완성이라
항상 똑같은 맛을
못 내고 있지.

마지막으로
하나 남은
비법을 찾아낼
청이의 절대 후각이
필요해.

…….

혹시 악마의 소스는
다른 사람이
만든 건가요?

뜨끔

누…,
눈치는
빠르군.

당연하죠!

그래, 맞아!
우린 이제 친구니까
말해 주지.

누구한테요?

거기까지는
묻지 마!

세계 조리
대회에서 우승한
악마의 소스가
당신 것이라면
당연히 레시피가
있을 테고,
레시피가 있는데
똑같이 만들지
못한다면,
당신 것이 아니죠!

후훗~!
내가 의궤를 훔쳐서
넘겨주는 대가로
악마의 소스를 받았지.

복잡하군요.
그런데 아직 미완성이라는
한 가지 비법이뭐죠?

그···, 그건 '간장'이야!

뭐야, 간장?

에게게~!

간장을 우습게 보나? 후훗, 나도 처음에는 그랬다.

그런데 세상의 모든 소스를 순식간에 카피하는 나의 걸작품 '레오나르도' 조차도···

악마의 소스에 들어간 간장은 똑같이 만들지 못하는 거야.

왜냐? 발효 기술의 정점이 바로 간장이기 때문이지.

김치보다 더 오래된 발효 식품 간장! 요리를 할 때 간장을 넣으면 콩에 함유되어 있는

아미노산의 상승 작용으로 음식 맛이 깊어지고 각 재료가 지닌 맛이 골고루 강조되는 효과가 있어!

요리조리 과학 이야기

간장과 어린이는 얼지 않는다?

간장은 콩을 빻아서 만든 메주를 소금물에 넣어서 숙성시킨 액체예요. 그래서 간장에는 소금, 물, 콩 이외에 좋은 유산균들이 들어 있지요. 이런 물질을 혼합물이라고 하는데 혼합물이 들어 있는 액체는 순수한 물과 달리 쉽게 얼지 않는답니다. 이런 현상을 '어는점 내림'이라고 해요. 순수한 물은 0℃에서 얼어요. 그런데 액체(용매) 안에 들어있는 불순물(용질)의 양이 많을수록 어는 온도는 점점 내려가지요. 추운 겨울 호수나 강물은 잘 얼지만 소금이 녹아 있는 바닷물은 얼지 않는 이유도 이 때문이죠. 염화칼슘이 30% 녹아 있는 물의 어는점은 영하 55℃까지 내려가기 때문에 장독대에 있는 간장이나 제설제를 뿌린 도로는 아무리 추워도 얼지 않는답니다.

어는점: 물질의 상태가 액체에서 고체로 바뀌는 온도.

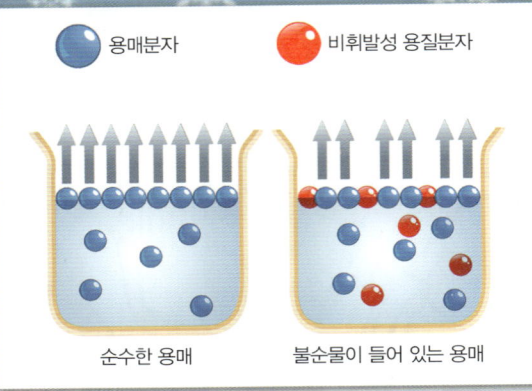

용매분자 　 비휘발성 용질분자

순수한 용매 　 불순물이 들어 있는 용매

간장과 어린이는 얼지 않는다는 일본 속담이 있어요. 간장은 짜서 얼지 않고 어린이는 추워도 잘 놀아서 얼지 않지요.

우아~! 대단해! 악마의 소스에서 가장 중요한 게 간장이었다니!

특히 우리나라의 전통 간장인 조선 간장이 들어갔기 때문에 청이의 절대 후각이 더욱 필요하지.

잠깐만요! 발소리가 들려요!

어서 숨어라, 친구!

네!

탁탁

아버님!

왔어?

하…, 한문 선생님 안녕하세요. 혹시 교장 선생님 못 보셨나요?

후 훗

찌익

아직도 눈치 채지 못했군, 생각시!

난 한문 선생님이 아니야!

난 바로 세계 최고의 레스토랑 울라불라의 주방장, 피에르 권!

지금부터 나와 대결해서 이기면 네 아빠를 살려 주지!

네?

울라불라
레스토랑이면?

그 맛없는
음식 팔던
식당 말이옵니까?

뭐라고?
맛이 없다니!
세계 최고의
레스토랑이야!

버럭

아~,
그래도 빵은
맛있었어요.

빵은 내가 만든 게
아니거든!

으아아,
더 열
받는다!

죄송합니다.
몰랐사옵니다.

그런데 요리
대결이라뇨?

교장 선생님은
지금 어디
계신지요?

싫어! 내 말
안 들으면,

안
가르쳐줄
거야!

씩

씩

가짜 한문 선생님! 정말 나쁜 사람이군요.

그건 네가 나를 볼 때 그런 거고.

내가 볼 땐 난 참 괜찮은 사람이란 말이지.

키란 조금 더 크럔 완벽할데

좋아요! 대결이라는 게 무엇이지요?

흥~, 진작 그렇게 나올 것이지.

리실

들어는 봤나, 악마의 소스!

척

갸우뚱

펄럭

대결은 간단하다!
이 소스에
포함돼 있는 간장이
어떤 것인지를!

저기 있는
간장 중에서 맞추면
네가 이기는
게임이다!

반짝

반짝

어머머, 이게 다
간장이옵니까?

전 세계에
유명하다는
간장은
다 사왔지.

제가 살던 옛날에도
원래 간장은 집집마다
달랐사옵니다.

그건
네 사정이고.

어때?
해 볼 테냐?

교장 선생님의 운명은
네 절대 후각에
달려 있다.

킁
킁
킁
킁

좋습니다!
맞추면
약속은 꼭
지키시어요!

드디어
악마의 소스의
비밀이 밝혀지는
건가?

두근

두근

궁금해…!

궁금해!

미 투.

앗, 너
누구야?

하이, 헬로우.
봉주르~!
나 에드워드라고
하냐(해요).

만나서
반가웠냐
(반가워요).

그 엉터리 한국말은 뭐니?

저리 가! 나 너한테 관심 없거든.

꺼져 두네요!

어머머!

확

뭘 먹은 거냐?

스파게티보다 부드러운 면에 캬라멜과 중국식 춘장이 들어간 소스.

처음 맡는 음식 냄새냐!

어떻게 알았지? 나 점심에 짜장면 먹었는데….

궁금하냐?

응.

점심에 먹은 음식이 옷깃에 붙어 있나 (있잖아요).

앗!

팍 팍

내가 이래서 짜장면이 싫다니까!

어됐어? 어디 붙어 있는 거야?

거짓말 이지?

도대체 어디 있다는 거야?

내 눈에만 보이냐. 아주아주 작게 붙어 있으니까.

도도한 척하지만 언제나 실수 투성일꺼냐.

!

아…, 아니거든.

거짓말!

당신이 먹은 음식과 식사예절이 바로 당신이냐.

그래서 나는 당신이 어떤 사람인지 알 수 있냐.

펑~

찰싹

쳇, 뭐래니?
나 바쁘니까
빨리 가!

바보, 진짠데!
나는 누구든….

먹은 음식을 알려 주면
어떤 사람인지
맞출 수 있냐!

쿵쿵

아니옵니다.

아니어요.

아니고,
아니고.

아닙니다.

아닌데…. 역시
아니올시다!

이제 2개밖에
안 남았다!
제발 찾아 줘,
플리즈!
싹
싹
싹
탁
탁
여기에는
없사옵니다.
콰
답은 어떤
간장인지요?
야! 내가 그걸
알았으면 너한테
물어봤겠냐?
콰

그럼 답이 있어야지요.

대결이라면서요?

뻥이야!

그…, 그러면 제 아버님은 어디 계시옵니까?

몰라! 그것도!

하수구로 빠져 나갔으니까 지금쯤 바다에 있겠지!

미미…

솟아라, 백 년 묵은 산삼의….

트르르

조리실

네 이놈 덕팔이! 이게 무슨 짓이냐?

앗!

뜨끔

더…, 덕팔이?

확

누가 덕팔이래? 난 피에르 권이시다!

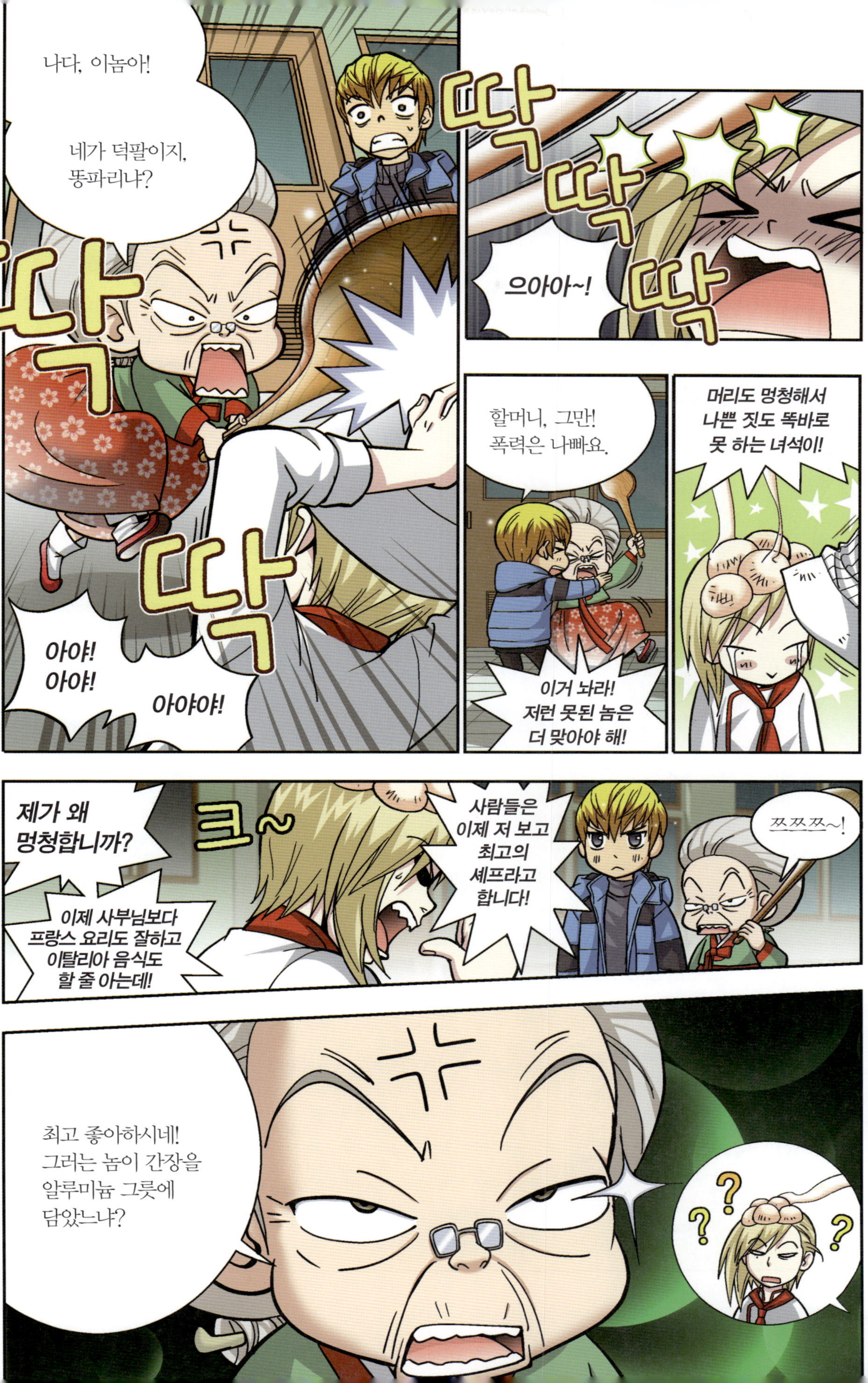

나다, 이놈아!

네가 덕팔이지, 똥파리냐?

딱

딱

딱

딱

딱

딱

으아아~!

아야!
아야!

아야야!

할머니, 그만!
폭력은 나빠요.

이거 놔라!
저런 못된 놈은
더 맞아야 해!

머리도 멍청해서
나쁜 짓도 똑바로
못 하는 녀석이!

제가 왜
멍청합니까?

크~

이제 사부님보다
프랑스 요리도 잘하고
이탈리아 음식도
할 줄 아는데!

사람들은
이제 저 보고
최고의
셰프라고
합니다!

쯔쯔쯔~!

최고 좋아하시네!
그러는 놈이 간장을
알루미늄 그릇에
담았느냐?

?

?

?

간장을 알루미늄 그릇에 보관하면 안 됩니까?

당연하지!

왜요?

으이그, 답답한 놈!

도련님~!

별일 없었지? 할머니는 내가 불렀어.

그럼요~.

간장, 된장 같이 염분이 많은 음식은 알루미늄 용기에 오랫동안 보관하면 안 된다!

요리조리 과학 이야기

음식, 올바르게 담고 제대로 먹자!

염분을 많이 함유한 음식을 알루미늄 냄비에 끓이지 않는다!

냄비, 알루미늄 호일, 일회용 알루미늄 용기 등 알루미늄 식기는 전도율이 높아 음식이 빨리 끓고, 가벼우며, 녹슬지 않아 실생활에서 자주 사용된다. 그러나 토마토, 양배추 등 pH가 낮은 식품을 알루미늄 식기에 조리하게 되면 알루미늄이 음식에 녹아 나올 수 있어 사용하지 않는 것이 좋다. 마찬가지로 간장, 된장 등 염분이 많은 식품도 알루미늄 용기에 오랫동안 보관하지 않는 것이 바람직하다.

컵라면은 절대 전자레인지에서 데우지 않는다!

컵라면 용기는 '폴리스티렌(PS)'이라는 재질로 '일반용 폴리스티렌(GPPS)', '내충격성 폴리스티렌(HIPS)', '발포성 폴리스티렌(EPS)'으로 구분된다. 컵라면 용기를 만들 때는 대부분 발포성 폴리스티렌(EPS)을 사용한다. 발포성 폴리스티렌(EPS)은 충격에는 약하지만 온도를 유지하는 성질(보온성)과 열이 전달되지 않도록 하는 성질(단열성)이 우수하다. 그러나 열에 견딜 수 있는 온도는 70~90℃로 내열성이 낮아 용기 속의 화학성분이 녹아내릴 수 있기 때문에 전자레인지에서 데우면 안 된다.

남은 통조림은 다른 용기에 따로 담아 보관한다!

통조림 식품은 오염되지 않도록 먹을 양만큼만 따로 덜어 먹어야 한다. 한 번 뚜껑을 연 통조림 식품을 그대로 보관하면 뚜껑이 제대로 닫히지 않아 빨리 녹슬어 음식이 금속에 오염될 수 있고, 미생물이 번식하기도 쉽다. 남은 통조림 내용물은 유리나 플라스틱 밀폐용기에 담아 냉장 보관하고 가급적 빨리 먹는 것이 좋다.

페트병은 두 번 이상 쓰지 않는다!

페트병은 1회 사용을 목적으로 만들어진 제품이다. 따라서 원래 담겨 있던 음료를 다 먹고 난 뒤 다른 음료를 담아 다시 사용하지 않는 것이 좋다. 페트병을 재사용한다고 해서 유해물질이 나오는 것은 아니다. 그러나 페트병은 입구가 좁은 형태라 깨끗하게 닦고 건조하기 어렵다. 따라서 몸에 해로운 미생물들이 번식할 가능성이 높다.

이런,
내가 깜빡했군.

그렇다면 청이가
악마의 소스에 들어간
간장을 못 찾은 건
용기 탓일 수도 있겠다.

그만 하거라!

왜 네가
만든 것이
아닌데 욕심을
내느냐?

……

누구냐, 그놈이?

**알려고 하지 마세요!
그럼 사부님도
위험해집니다!**

분명
그 소스인지
소세지인지
만든 녀석이
조선의 의궤도
갖고
있겠지?

정혜정 선생님의 요리 교실

떡볶이가 무조건 빨갛다는 편견은 버려라! 옛 궁궐에서 왕자와 공주들의 간식이었던 궁중 떡볶이는 임금님들의 수라상에 오르기도 했는데요. 고추장 대신 간장으로 만들어서 '간장 떡볶이'라고도 합니다. 한 끼 식사로도 가능한 맛있는 궁중 떡볶이! 맵지 않아 어린이들의 간식으로 안성맞춤이랍니다! 그럼 다 함께 만들어 봐요.

궁중떡볶이

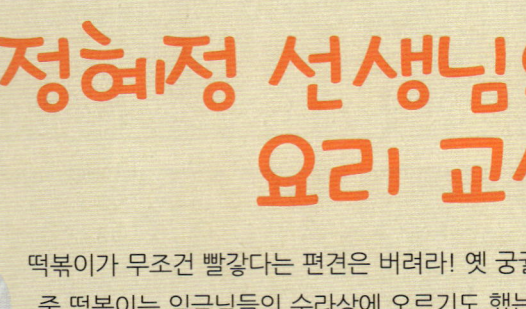

재료 떡볶이 떡, 쇠고기, 건 표고버섯, 파프리카, 양파, 간장 1작은술, 설탕 1작은술, 참기름 2작은술, 다진 마늘 1/2작은술, 다진 대파 1작은술, 깨소금 조금, 후춧가루

❶ 떡을 끓는 물에 살짝 데친 뒤 간장과 참기름에 양념한다.

❷ 쇠고기, 건 표고버섯, 파프리카, 양파는 0.3mm로 채썰기를 한다.

❸ 채 썬 쇠고기와 표고버섯을 양념에 재워 둔다.

❹ 달궈진 팬에 식용유를 두르고 쇠고기를 볶다가 표고버섯을 넣어 함께 볶는다.

❺ 쇠고기가 익으면 파프리카와 양파, 떡을 차례대로 넣고 볶는다.

❻ 준비된 그릇에 보기 좋게 담는다.

잠깐!

▶ 생 표고버섯보다 건 표고버섯을 불려서 사용하면 더 맛있어요. 파프리카나 양파 말고도 부추, 당근 등 다양한 채소를 응용해서 만들면 평소 먹기 힘든 야채도 맛있게 먹을 수 있답니다!

한국은 청국장, 일본은 낫토!

간장, 고추장, 된장은 콩을 발효해 만든 전통 발효 식품이다. 그런데 발효 식품은 외국에도 있다. 대표적인 예가 일본의 낫토. 낫토는 콩에 낫토 균을 넣고 40℃정도의 고온에서 발효시킨 일본식 생청국장이다. 발효 과정에서 하얗고 끈적끈적한 점액성 물질이 만들어지는데 이 물질은 '나토키나제'라는 효소로 단백질과 섬유소가 풍부해 소화가 잘 되고 다이어트에도 효과적인 것으로 나타났다. 일반 청국장과 달리 냄새가 많이 나지 않아 먹기에도 편하다.

떡볶이의 기본은 유장 처리!

가끔 분식집에서 시킨 떡볶이에 떡과 양념이 따로 노는 경우가 있다. 만든 지 얼마 안 된 채 나와 양념이 떡에 배지 못한 상태인 것이다. 이를 방지하기 위해 떡볶이를 만드는 첫 과정에서 떡에 유장 처리를 해 주면 훨씬 맛있는 떡볶이를 먹을 수 있다. 유장 처리는 떡을 끓는 물에 살짝 데쳐 말랑말랑하게 만들어 준 뒤 간장과 참기름으로 양념을 하는 과정이다. 이렇게 유장 처리를 하면 떡에 밑간이 돼서 더 맛있는 떡볶이를 먹을 수 있다.

韓食

7

제4화

특명, 식습관을 바꿔라!

딱

으아~, 왜 자꾸 때리세요!

빨리 말 안 해?

다 스승님을 위해섭니다.

악마의 소스를 누가 만들었는지 알려고 하지 마세요.

이놈이 아직도!

휙

킁킁킁

앗, 그건 제 거예요! 건들지 마세요!

어서 말하지
못할까!

온갖 화학
첨가물로 가득한
이따위 소스로
무슨 요리를
만들겠다는 거냐!

쩍

이게 양념이냐?
약이지!

서…, 설마?

챙그랑

으어엉~,
안 돼! 안 돼!
내 악마의
소스가…!

스승님
나빠요!

이제 전
어떻게
요리를
만듭니까?

할머니,
좀 심하셨어요…

넌
빠지거라!

덕팔아!

덕팔이가 아니라
피에르 권이에요!

본디 사람이
세상을 살아가는 데 있어
음식이 첫째이고 약은
그 다음이라고 하였다.

때에 맞는 좋은 음식을 먹으며 바른 생활을 한다면 어떤 이유로 병이 생기겠느냐.

허나 그럼에도 불구하고 병에 걸렸다면 좋은 음식을 먹는 것이 으뜸이니라.

예부터 조상들은 음식에서 얻는 힘이 약에서 얻는 힘의 절반이 넘는다고 했다.

《식료찬요*》에는 병을 치료하는 데 신선한 야채, 과일, 곡식, 고기로 다스려야지 어찌 마른 풀이나 죽은 나무의 뿌리를 쓰냐고 쓰여 있다.

食療撰要

* **식료찬요**: 우리나라에서 가장 오래된 식이요법서.

아…!

백 번 지당하신 말씀이시옵니다, 할머니.

꾸벅

난 하나도 모르겠는데…

……

으아앙~, 몰라! 책임져요, 스승님!

악마의 소스가 없으면 울라불라 레스토랑도 망해요! 만들어 내요!

바둥 바둥

콱~! 더 때릴까보다!

으 앙~

……

힝, 이제 어떡하지?

나도 악마의 소스 비밀을 알아야 하는데…!

텅

음식으로 병을 고칠 수 있냐? 재밌는 이야기냐?

나, 마담하고 요리대결 하고 싶냐!

승부하자! 어때?

너···, 너 지금
이 할미한테 말한 거냐?

응, 마담!

이런
버르장머리
없는 놈!!

에라이 우라늄

삐리리~

창란젓 명란젓

삐리리~ 쌍화차

NO!

양치하고 레몬 씹어라

싫냐!

헬프
미!

타탁!

탁!

탁!

이야~, 지난번보다 훨씬 맛있사옵니다!

그러니? 난 서양 요리는 영~.

흥! 거짓말!

악마의 소스도 안 들어갔는데!

참이옵니다. 짱짱 맛있습니다.

많이 늘었구나, 덕팔아!

첫~, 병 주고 약 주시는 겁니까?

그래도 기분이 나쁘지는 않네요.

그리고 제발 피에르 권이라 불러 주세요.

오냐~, 덕팔아. 사람들이 있을 땐 그렇게 불러 주마.

내 손자 녀석 알지?

아~, 예! 그 건방진 녀석 말씀하시는 거죠?

그런데 스승님이 손자가 있었어요? 결혼도 안 하셨잖아요.

어머나!

그런데 내가 너에게 온 것은 네 음식을 맛보려는 것도 있지만 또 다른 이유가 있다.

맞다. 한울이는 내 손자가 아니다.

조선 시대에서 오신 세자마마님이시다.

풋, 또 무슨 말씀을 하시는 겁니까?

바로 우리나라의 최고 임금님이신 세종대왕이 되실 분이시다!

혁

그런데 네가 조선 시대로 가서 음식에 섞은 화학첨가물 때문에 아토피가 생겨 치료차 잠시 현대에 와 계시는 것이다.

아…
내가…

무슨 짓을
한 거지?

네가 많은 잘못을 했지만
내가 용서를 구할 방법을
가르쳐 주겠다.

아무리 나쁜 놈이지만
이 말은 듣겠지?

그…, 그럼요.
세종대왕이신데
뭐든지 해야죠.

시켜만 주세요.

세종대왕께서
햄버거를 너무
좋아하신다.

하아

에게게…,
겨우 햄버거?

이 식성 그대로
조선 시대로 돌아가면 아마도
비만과 당뇨, 고혈압 등 많은
병에 시달리실 게 뻔하다.

그럼 제가
뭘 하죠?
아하~!

쳇, 이런다고 저희가
화 풀 것 같으세요?

불고기 세트.

오늘부터 아저씨라고
부르세요.
아…, 아니 불러라.

부…,
불고기?

저, 조금 많이
먹는데…

좋아!
세트 2개,
아니 3개!

기분이다.
앞으로는 매일
사 줄게.

정말요? 만세!
다 용서했어요!

단, 이 문제를
풀면!

이게 뭐예요? 시험? 그냥 사 주시는 게 아니었어요?

이 세 가지 그림의 연관성을 찾으면 햄버거를 주지.

하지만 틀리면 그냥 집으로 고고싱~!

또 거짓말하면 안 돼요!

히히히

으으... 모르겠다.

꽝

청이야, 너 몰라?

도련님도 못 푸시는 문제를 소녀가 어떻게 알겠습니까.

소, 숲, 해일의 연관성은?

힌트!

햄버거는 두 조각의 빵과 야채 그리고 고기 패티로 만들어진다.

그건 저도 알아요.

와우~!

햄버거 커넥션(Hamburger connection)

햄버거 속 고기 패티의 재료는 소고기! 유럽과 미국의 햄버거 패티는 대부분 중앙아메리카 지역에서 자란 소로 만들어진다. 중앙아메리카에서는 이 소들을 키우는 공간을 만들기 위해 나무를 베기 시작했다. 햄버거 1개를 만들기 위해 숲 1.5평이 사라지고, 1960년대 이후에는 숲의 25% 이상이 소를 키우는 공간으로 변했다. 이렇게 햄버거 패티를 얻기 위해 목장을 만들고 숲이 파괴되면 지구의 온도가 올라가 지구 곳곳에서 이상기후가 발생하는데 이런 현상을 '햄버거 커넥션'이라고 한다.

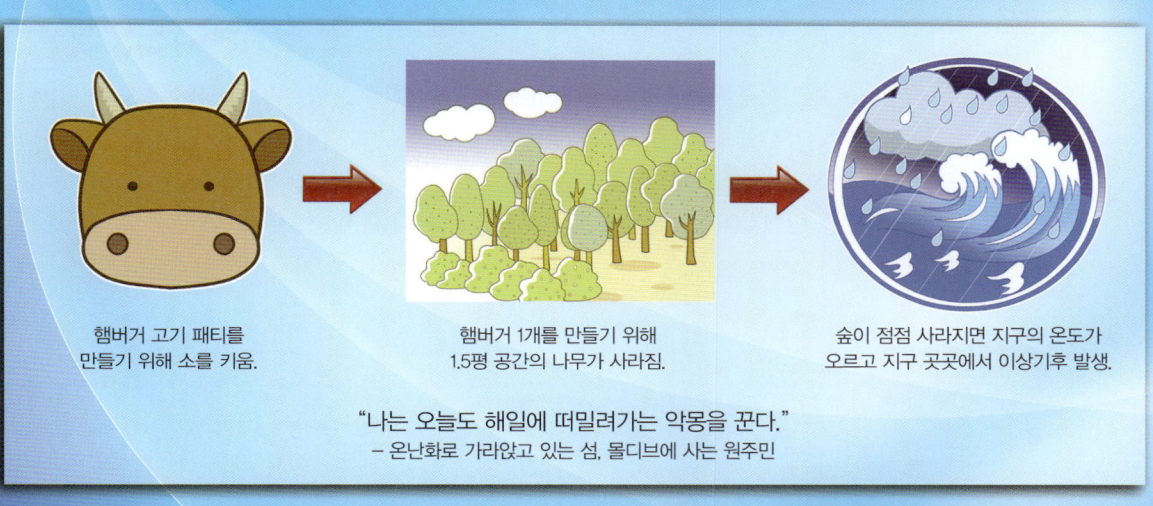

햄버거 고기 패티를
만들기 위해 소를 키움.

햄버거 1개를 만들기 위해
1.5평 공간의 나무가 사라짐.

숲이 점점 사라지면 지구의 온도가
오르고 지구 곳곳에서 이상기후 발생.

"나는 오늘도 해일에 떠밀려가는 악몽을 꾼다."
– 온난화로 가라앉고 있는 섬, 몰디브에 사는 원주민

이제 알겠지?
못 맞혔으니까

햄버거는
땡!

냠
냠

아…, 아깝다.
바로 맞히려고
했는데….

앗, 벌써
먹고 있다.

이런 게 어디 있어요!

쾅

쾅

어, 왜
갑자기
존댓말을
하세요?

같이
드실래요?
감자튀김도
맛있어요.

다

다

다

이리
내 놔!

헤헤헤~, 고마워요!
우리 할머니는 절대
안 사 주시는데.

정혜정 선생님의 요리 교실

햄버거를 먹으면 먹을수록 숲이 사라지고 이상기후가 발생한다는 뜻의 '햄버거 커넥션'. 이 현상은 햄버거의 고기 패티를 만들기 위해 소를 많이 키우면서 생겨요. 그럼 햄버거에 소고기 대신 다른 걸 넣으면 어떨까요? 그래서 이번엔 '밭에서 나는 소고기'로 불릴 만큼 단백질이 풍부한 두부를 선택했답니다. 다 함께 만들어 볼까요?

미니두부버거

❶

❷

❸

❹

❺

❻

재료 모닝빵 3개, 두부 1/4모, 당근 조금, 피망 조금, 양파 조금, 밀가루 2 작은술, 달걀 1개, 빵가루 3 작은술, 토마토 1개, 양상추 10g, 치즈 1장, 돈가스소스 2큰술, 마요네즈 2큰술

❶ 당근, 양파, 피망은 잘게 다지고, 두부는 으깬다.

❷ 토마토는 약 1cm 두께로 얇게 썰고, 양상추는 한 입 크기로 찢어 준비한다.

❸ 모닝빵은 반으로 갈라 마요네즈를 바른다.

❹ 으깬 두부에 다진 야채, 밀가루, 달걀, 빵가루를 넣어 두부 패티를 만든다.

❺ 후라이팬에 기름을 두른 뒤 두부 패티를 익힌다.

❻ 모닝빵 사이에 준비된 재료와 소스를 올리면 미니두부버거 완성.

잠깐!

▶ 두부는 으깬 뒤 물기를 제거해야 패티가 부서지지 않아요. 빵에 마요네즈를 바르면 코팅 역할을 해서 오랫동안 눅눅하지 않게 먹을 수 있답니다.

고기가 질릴 땐 두부!

두부는 물에 불린 콩을 갈아서 끓인 뒤 응고제를 넣어 겔(gel)상태로 굳힌 음식이다. '밭에서 나는 소고기'라 불리는 콩으로 만들어진 만큼 몸에 좋은 식물성 단백질이 풍부하다. 그래서 예부터 채식을 하는 승려나 인도의 채식주의자들은 단백질 섭취를 위해 두부를 많이 먹었다. 만약 식습관을 채식 위주로 바꾸고 싶거나 고기가 질려서 먹기 싫어졌다면 두부를 먹어 보자. 햄버거를 마음껏 먹으면서도 몸 속 부족해진 단백질을 채우고 영양소 균형을 맞출 수 있다!

밀가루로 햄버거를 우아하게!

햄버거를 우아하게 먹고 싶다면 빵 속 재료를 흘리지 않는 것이 관건! 특히 패티는 고기나 두부를 으깨어 만들기 때문에 쉽게 부서질 수 있다. 따라서 패티를 만들 때 으깬 고기나 두부는 물기를 최대한 뺀 뒤 뭉쳐 준다. 밀가루는 패티를 한 덩어리로 뭉쳐 주는 역할을 한다. 밀가루에 들어 있는 단백질인 글루텐 성분이 물과 만나면 점성이 높아져 끈적해지기 때문이다. 끈적해진 밀가루가 으깬 고기나 두부를 서로 떨어지지 않게 잡아준다.

韓食

제5화

한울의 라이벌 등장

앗, 청아! 여기서 뭐 하는 거냐?

아버님! 무사히 돌아오셨군요!

깜짝

혹시 이 늦은 시간까지 아빠를 기다린 게냐?

예, 아버님. 하루 종일 연락이 되지 않아 잠이 오질 않았사옵니다.

허허허~! 기특한 녀석!

울라불라 셰프 녀석! 잡히기만 해 봐라!

으으… 하수구에 빠져서…

콸 콸 콸

바다까지 흘러갔다 왔어!

어머머, 그런데 아버님 등에 메고 계신 것이 무엇입니까?

아, 이거!

파닥

파닥

파닥

하하하~. 너 먹으라고 고등어를 좀 잡아왔다.

네?

이왕 바다에 나간 김에···

등푸른 생선의 대표인 고등어는 EPA와 DHA가 많은 것으로 알려져 있는데

자라나는 어린이와 수험생에게 특히 좋은 생선이다. 많이 먹고 쑥쑥 자라거라!

혼자 먹기에는 너무 많사옵니다.

룰루랄라~♪

이상하네. 요즘 교장 선생님이 너한테만 잘해 주셔.

무슨 일 있었니?

아··, 아니. 교장 선생님은 원래 인자하시잖아.

아닌 거 같은데···

학 생 식 당

휙 휙

탁 탁 탁

늦었다, 미안!
내가 도와줄게!

한울 도련님.

아니에요. 도련님은
공부하세요!
윤주도 도와주고
있는 걸요.

무슨 소리! 꼬맹이
둘이서 기숙사 애들
아침밥을 어떻게
다 하니?

국에 간부터
맞추면 되나?
소금도 넣고….

소금 벌써
넣었어요!

윽~!

덜 컥

안녕하세요, 언니!

안녕!

찡긋

안녕했는데 네 얼굴
보니 불편해졌어.

네가 우리 학교에
왜 와?
전학 갔잖아!

풋

모두들,
여기 주목!

오늘 우리 학교에
반가운 친구들이
왔어요.

우리 학교 다니다가
프랑스의
유명 요리 학교로
유학 갔던 채민이가

프랑스 친구와 함께
교환학생으로 와서
일주일간 같이
생활하게 되었어요,
모두 환영의 박수!

짝
짝
짝
짝

쩌릿

얼~음

아침 안 먹었지?
식사부터 하거라.

응,
고맙냐(다)!

에드워드!
선생님께는
존댓말을
해야 해.

우아~!
쌀이냐!

응~. 한국 사람들은
쌀이 주식이야.
먹어 봐.

아, 맞다.
넌 젓가락질하기
힘들겠다.
내가 포크
가져다 줄게.

아니야!
나도
할 수 있어.

이거 봐.
한국 온다고
젓가락 사왔어!

따란

녹

푸훗

왜 웃지?

웃기니까! 그건
중국식 젓가락이잖아.

따
따

우리나라 젓가락은
이렇게 짧은 금속으로
만들어져 있거든.

뭐? 젓가락에도
그런 게 있다고?

학생식당

어머머, 몰랐니?
천하의 채민이가?
이런 기막힌
일이
있다니…!

그럼 가르쳐 주지.

젓가락은 한국, 중국, 일본을 중심으로 동아시아권에서 주로 사용해.

그렇지만 인구수로 보면 전 세계 인구 중 약 30%가 젓가락으로 밥을 먹고 있다고!

젓가락은 약 3000년 전에 중국에 처음 등장해서 한국을 거쳐 일본으로 전해졌는데, 재미난 건 각 나라의 젓가락이 음식 문화에 맞춰 발전했다는 거야.

길고 뭉툭한 중국의 젓가락은 대나무 같은 나무재질로 만들어졌지.

뜨거운 기름에 볶는 음식이 많기 때문에 열 전도율을 줄이기 위해서야.

또 음식을 큰 그릇에 담아 식탁 중앙에 놓고 나눠 먹는 음식 문화에 딱 맞지.

생선 요리를 많이 먹는 일본 젓가락은 길이가 짧고 끝이 뾰족한 게 특징이야.

이렇게 생긴 젓가락이 쉽게 부숴지는 생선살을 잡기에 유리하기 때문이지.

마지막으로 우리나라 젓가락은 길이와 모양이 중국과 일본의 중간 정도야. 놋쇠나 은, 최근에는 스테인리스로 만든 젓가락을 많이 써.

왜냐면 나물이나 발효 식품을 주로 먹는 한국 음식 문화에 맞춰 발달했기 때문이지.

빠직

올바른 젓가락질

'젓가락질 잘해야만 밥을 먹나요. 잘 못해도 서툴러도 밥 잘 먹어요'라는 노래 가사가 있다. 그러나 가사 내용과는 달리 젓가락질을 바르게 해야 밥을 잘 먹을 수 있다. 젓가락으로 음식을 집을 때 손에 무리가 가지 않고, 음식을 잘 집어야 하며, 젓가락질을 하다가 다른 사람에게 음식이나 양념이 튀지 않아야 하기 때문이다. 젓가락은 받침점-힘점-작용점 순으로 되어 있는 3종 지레 원리를 이용한 물건이다. 엄지손가락이 받침점, 검지손가락이 힘점, 젓가락 끝이 작용점이다.

1. 젓가락 한 개는 엄지의 안쪽과 네 번째 손가락에 닿게 잡는다.

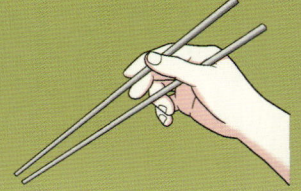

2. 또 다른 젓가락 하나는 검지와 중지 사이에 끼고 엄지로 눌러 잡는다.

3. 검지와 중지 사이에 끼고 엄지로 눌러 젓가락을 움직인다.

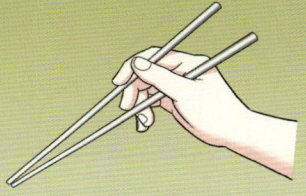

4. 엄지에 가볍게 댄 채로 검지와 중지만을 사용해 자유롭게 움직일 수 있도록 연습한다.

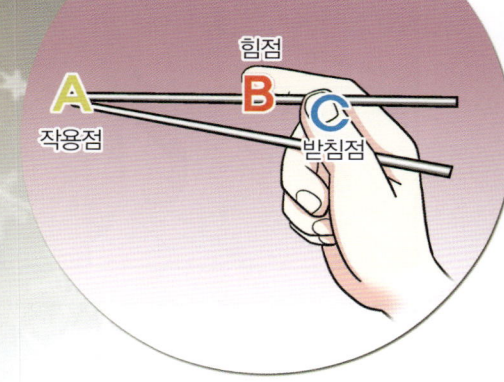

젓가락에 작용하는 지렛대의 원리

우아~! 언니, 대단해요!

호호호, 기본이지 뭐.

제법 늘었구나, 너!

흥! 옛날의 내가 아니야!

에드워드,
젓가락 다른 걸로
바꿔 줄···; 어?

에드워드!
뭐 하니?

헤헷~!
나, 너 때문에
어제 한숨도
못 잤냐.

자꾸만
너가 생각 나냐.

네?

쭉

Mon amour ce n'est
que pour toi
(몬 아무르 쓰 네
끄 뿌르 뚜아).

뜨…, 뜨겁다고요?
뭐가?

채…, 채민아!
이 녀석이 지금
뭐라고 했어?

안 돼…
먹지 못하겠어…
할 못…
다발에
노해서
다니…….

뜨~와

안 뜨겁다니
까요…

으응, 그게…
아이고~,
머리야.

"내 가슴은 너에게만
움직여"라고…

으아악~!
내가 들은 말 중에
가장 느끼해!

푸하하하

김치
줘!

아니,
어떤 녀석이
화단의
장미를 다
꺾어 갔지?

제6화

청이가 화났다

교 장 실

흙 속의
푸른 새싹.

……

새싹이요?

새싹!

흙 속의 똑 똑

땡!

시험지 이리 주거라.

우리 공주님, 오늘 받아쓰기 점수는 몇 점일까?

헤헷~♡

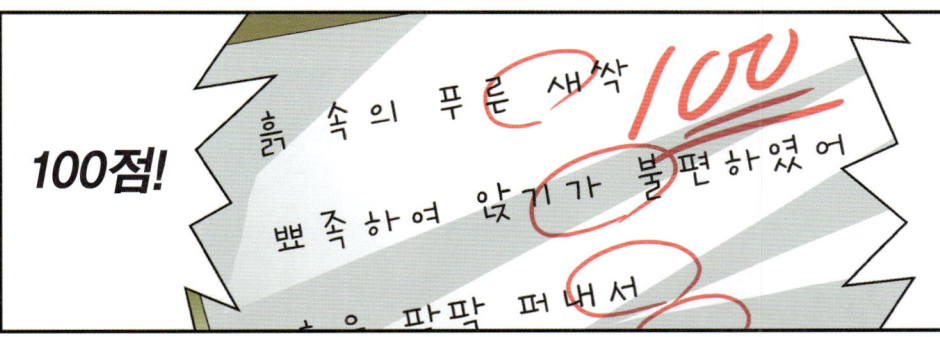

100점!

흙 속의 푸른 새싹 100

뽀족하여 앉기가 불편하였어

팡팡 퍼내서

한 달 만에 한글을 다 깨우치다니…! 누구를 닮아서 이리 영특한 것이냐!

당연히 아버님을 닮았지요.

하하하~! 그렇지?

아이고~, 귀여운 내 새끼♡

아버님, 수염이 너무 따갑사옵니다.

아버지는 한 달하고 하루, 딸은 한 달 만에 한글을 다 배우다니….

이래서 핏줄은 못 속이는 거야.

왜 자꾸 나를 피하는 거냐!

태양이 식는 날까지 포기하지 않을 테냐!

여기 있었냐! 내 사랑!

사랑하냐~! 내 사랑을 받아…, 읍!

청아, 이 느끼한 녀석은 뭐냐?

저도 잘 모르는 서양 도련님이옵니다.

아하~. 네가 프랑스에서 온 교환학생이구나.

이 예의범절도 뭣도 모르는 고~, 얀 녀석!

썩 꺼지지 못할까! 어디 명문 사대부 집안 무남독녀인 우리 딸을 넘봐!

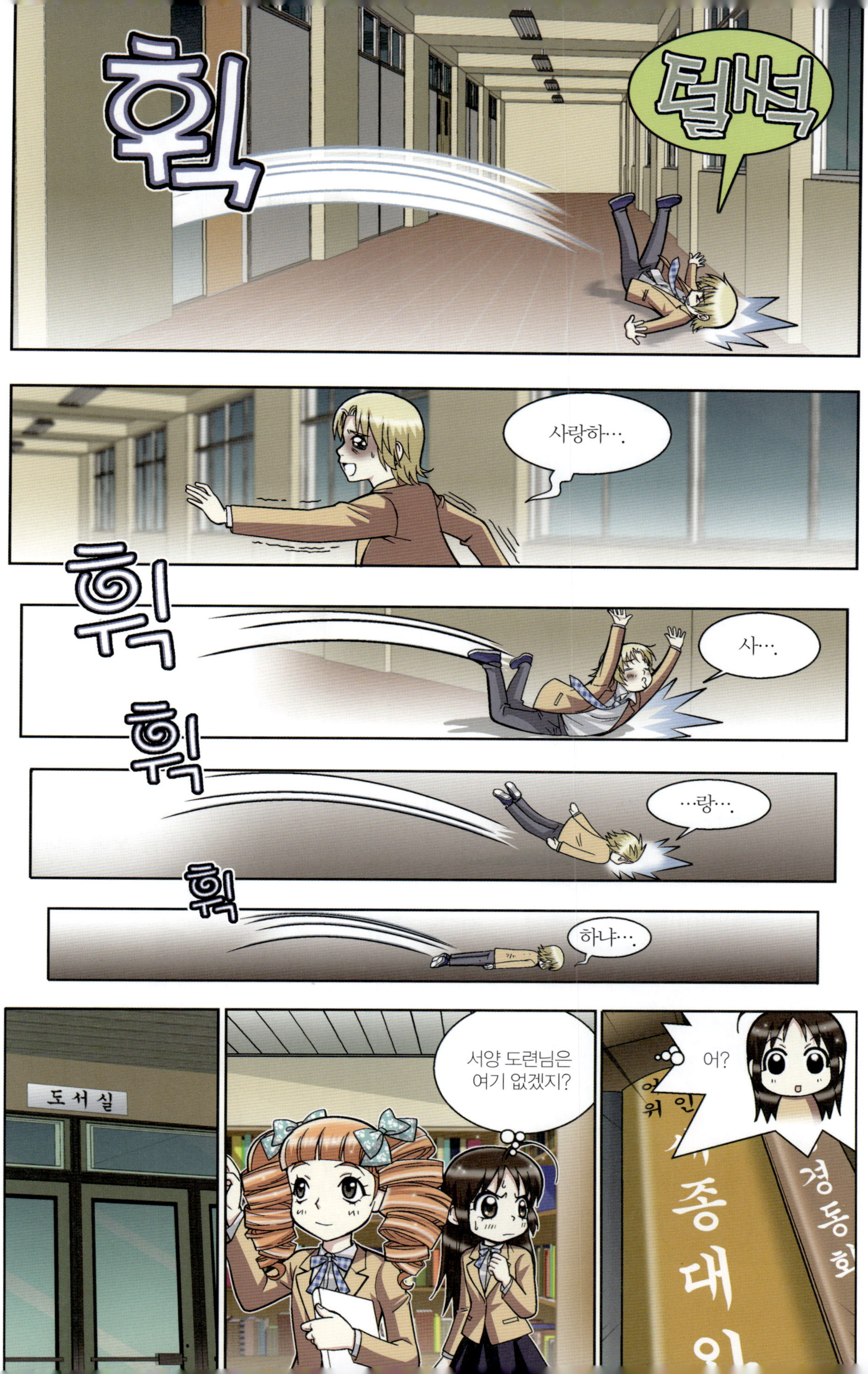

사랑하…

사…

…랑…

하냐…

도서실

서양 도련님은
여기 없겠지?

어?

세종대왕께서
정말 대단한 일을
많이 하셨구나.

홋~!

한울 도련님은
여기 계시는데
도련님 위인전을
보고 있으니….
기분이 조금
이상해. 호호~!

끼익

아…, 아니!
이 녀석이 여기가
어디라고
또 나타나?

오냐! 잘 됐다! 내 오늘 너의 목을
베어 조정의 무서움을 보여 주마!

내 칼이
어디
있더라!

자…, 잘못했습니다.
한 번만 봐주세요.

세종대왕님이신줄
정말 몰랐습니다.

내가 많이 혼냈어.
내금위장, 이제
좀 봐줘.

시끄럽다!

이 녀석도
알고 보면
착한 놈이야.
머리가
좀 나빠서
그렇지.

그래. 의궤를 받고
악마의 소스를 준 자도
요리사였느냐?

예.

어떻게
생겼지?

아주
뚱뚱했습니다.

얼굴은?

저…, 그게…
얼굴은 못
봤습니다.

?

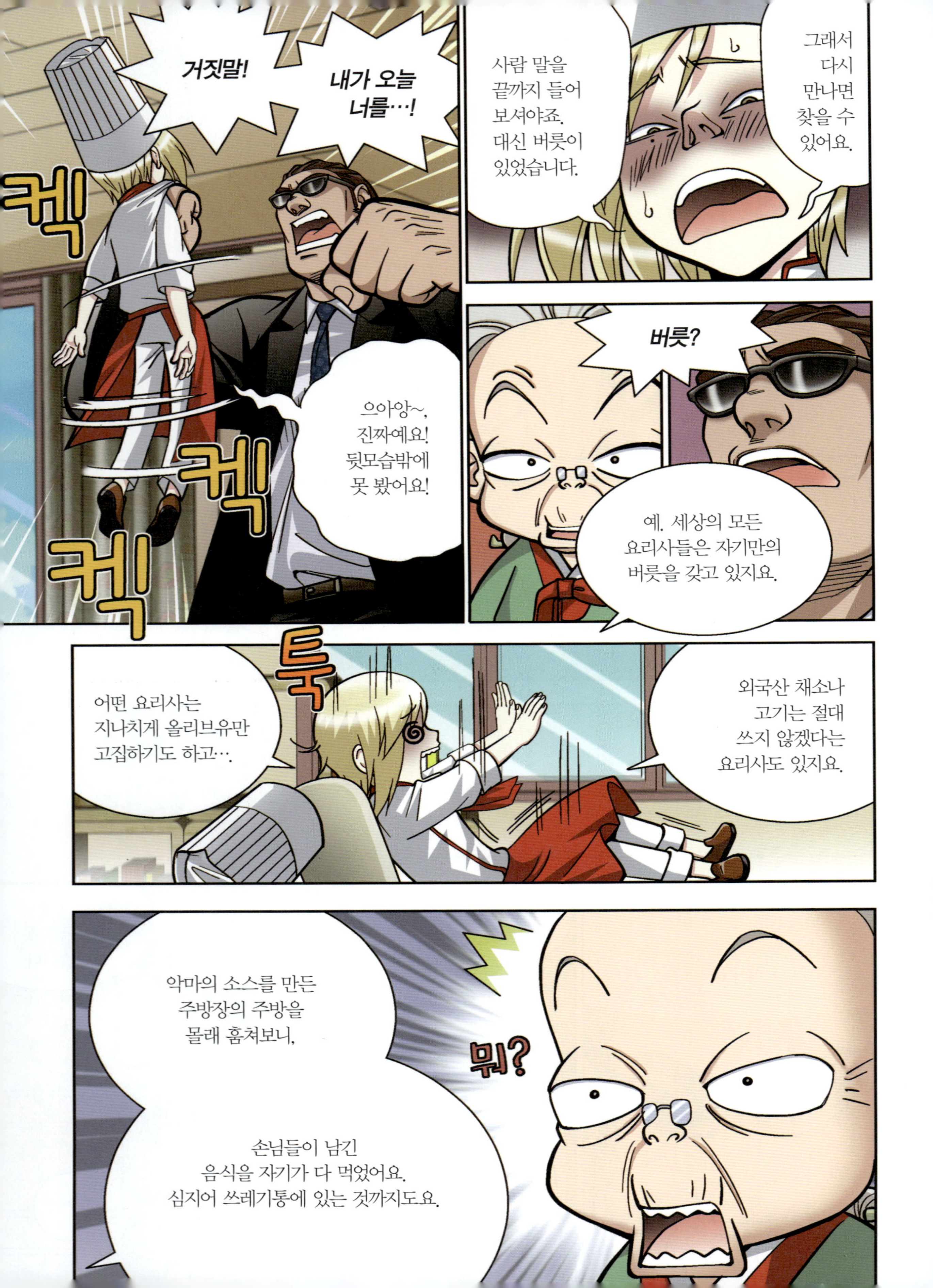

거짓말!

내가 오늘 너를…!

퀵

퀵

퀵

으아앙~, 진짜예요! 뒷모습밖에 못 봤어요!

사람 말을 끝까지 들어 보셔야죠. 대신 버릇이 있었습니다.

그래서 다시 만나면 찾을 수 있어요.

버릇?

예. 세상의 모든 요리사들은 자기만의 버릇을 갖고 있지요.

툭

어떤 요리사는 지나치게 올리브유만 고집하기도 하고…

외국산 채소나 고기는 절대 쓰지 않겠다는 요리사도 있지요.

악마의 소스를 만든 주방장의 주방을 몰래 훔쳐보니,

손님들이 남긴 음식을 자기가 다 먹었어요. 심지어 쓰레기통에 있는 것까지도요.

뭐?

그놈 아주
이상한 놈일세!

그렇죠.
제가 그 모습을
보는데, 우웩~!

토할 뻔
했다니까요.

그래!
그럼
그 녀석의
가게가
어디
있지?

요리사들이
다 모여?
어디에?

세계 최고의
요리사들이
모이는 곳.

뉴욕입니다!

뉴욕?
코쟁이 나라,
미국!

예, 스승님.

거기는 너무 먼데….
안 그런가?

……

너무 걱정 마세요, 스승님,
방법이 있습니다.

요리스타 코리아 대회에서
청이가 우승을
하는 거죠.

그리고 미국에서 열리는
세계대회에 따라가시면
돼요.

아하~!
비행기 표도
공짜로 주나?

아마
그럴걸요.

청이라면 할 수 있을 거예요.
이렇게 정확하고 확실하게
냄새를 구분하는 '개코'는
처음 봤거든요.

킁킁킁

청이가 세계대회에 나가면
한식의 우수성도 널리 알리고
뚱보 요리사한테서 의궤도
찾아올 수 있을 거예요.

대~, 한민국!

짝짝
짝

짝짝

오흠

뭐, 그렇긴 하지.
누구 딸인지는
모르겠지만….

에고
에고

윤주야, 당뇨병이
뭐야? 인슐린은
또 뭐고?

당뇨병은
왜?

여기 책에서
세종대왕님이
당뇨병 때문에
고생하시다가
돌아가셨대.

당뇨는 음식을 통해 섭취한 당이 제대로 분해되지 않아서 혈액 속 당 수치가 높아지는 병이야.

조…, 조금 쉽게….

우리 몸에는 인슐린이라는 호르몬이 있어.

난 췌장에서 나오지요.

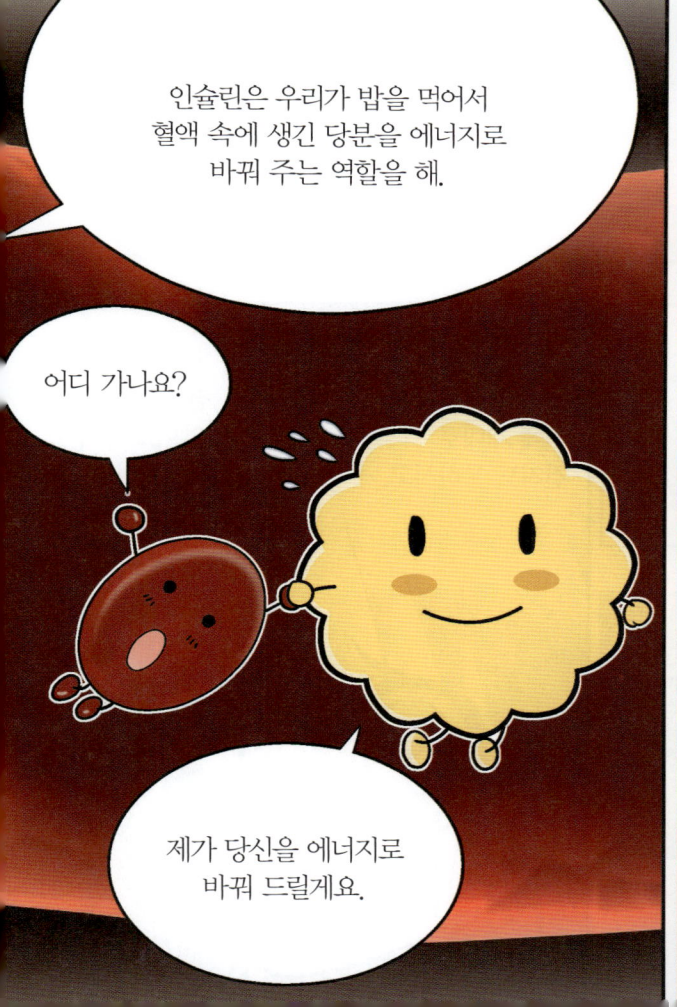

인슐린은 우리가 밥을 먹어서 혈액 속에 생긴 당분을 에너지로 바꿔 주는 역할을 해.

어디 가나요?

제가 당신을 에너지로 바꿔 드릴게요.

그런데 인슐린이 충분히 분비되지 않거나 제 역할을 못해서 혈액 속에 당이 에너지로 바뀌지 못하고 쌓이는 것을 당뇨병이라고 해.

저기, 오늘 일 안 하세요?

친구도 없고 일하기도 싫다. 하아….

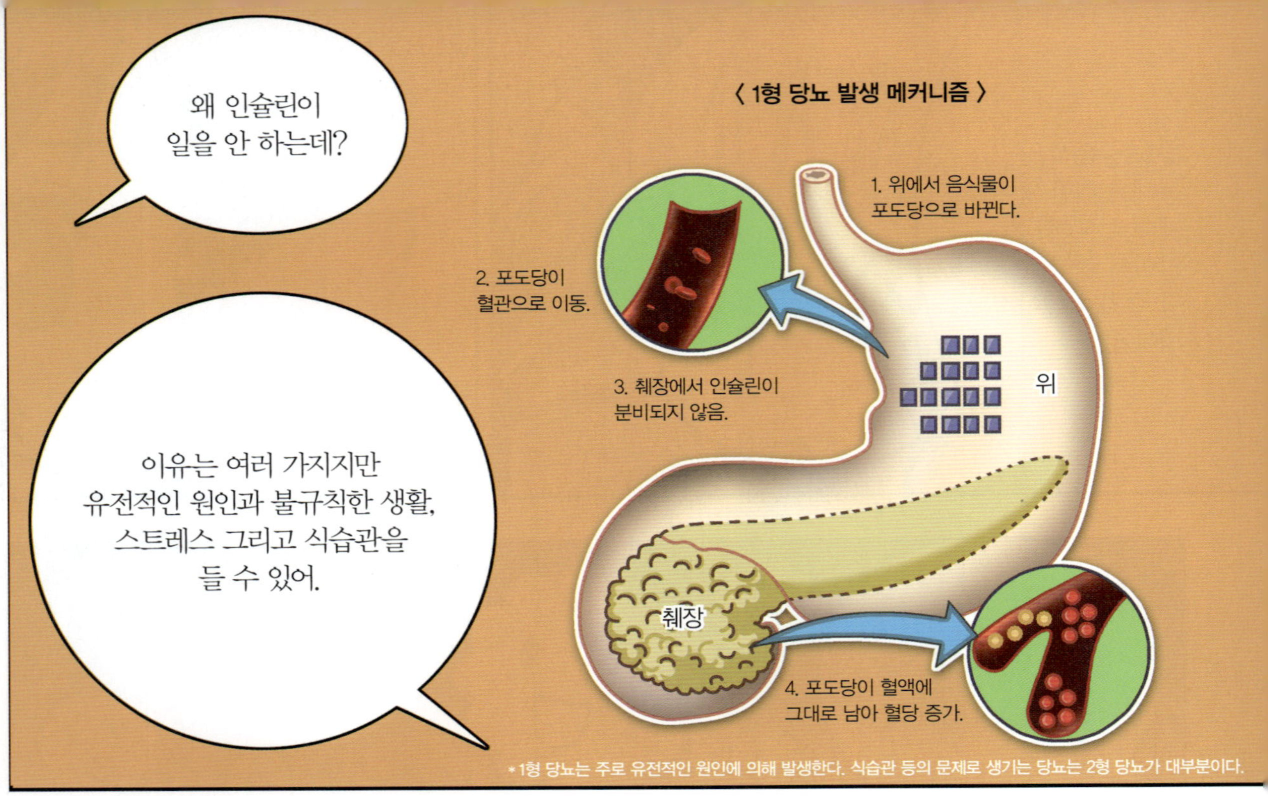

왜 인슐린이 일을 안 하는데?

〈 1형 당뇨 발생 메커니즘 〉

1. 위에서 음식물이 포도당으로 바뀐다.

2. 포도당이 혈관으로 이동.

3. 췌장에서 인슐린이 분비되지 않음.

위

이유는 여러 가지지만 유전적인 원인과 불규칙한 생활, 스트레스 그리고 식습관을 들 수 있어.

췌장

4. 포도당이 혈액에 그대로 남아 혈당 증가.

* 1형 당뇨는 주로 유전적인 원인에 의해 발생한다. 식습관 등의 문제로 생기는 당뇨는 2형 당뇨가 대부분이다.

아마 세종대왕도 예외는 아닐 거야. 한 때 당뇨병을 '부자병'이라고 불렀거든.

실제로 당시 왕실에는 기름진 음식을 마음껏 먹고 운동을 안 한 탓인지 당뇨 환자가 많았대.

당뇨병은 정말 무시무시한 병이야. 혈액 속에 당이 많아지면 피가 끈적끈적해져 혈관이 막히고 온몸의 신경을 손상시킬 수 있거든.

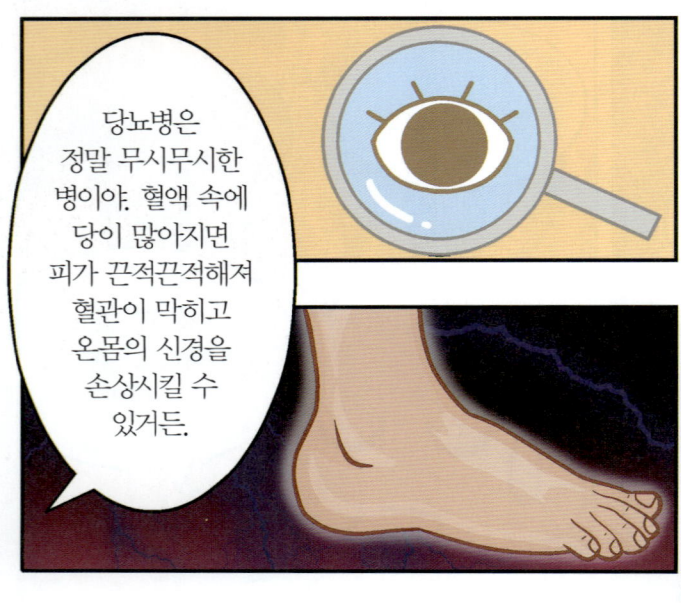

그래서 돌아가시기 전에 제대로 걷지도 못하시고,

곁에 앉은 신하들도 알아보지 못하셨구나!

닥치고 먹어!
어디서
반찬 투정이야?

와
장
장

허걱!

으아앙~!
고기~!
고기~!

고기가
없잖아!
나 밥
안 먹어!

한 대 맞고
먹을래,
그냥
먹을래?

그…,
그냥요.

척

한 번만 더 편식하면
나한테 엉덩이
100대 맞을 줄 알아!
알겠어?

푹

넵…

으앙~!
청이가 갑자기
무서워졌다.

콩나물도
먹고!

두부도
먹고!

척
척

멸치도
먹어!

정혜정 선생님의 요리 교실

세종대왕은 운동을 적게 하고, 스트레스를 많이 받고, 육식과 기름진 음식을 즐겨 먹어 당뇨병에 걸렸다고 해요. 엇, 그런데 잠깐! 세종대왕의 생활 습관이 마치 지금 우리 어린이들과 비슷한 것 같죠? 건강을 위해 운동도 열심히 해야 하지만 무엇보다 중요한 것은 식습관! 평소 채소를 싫어하는 어린이 여러분께 채소를 맛있게 즐길 수 있는 버섯주먹밥을 알려 줄게요!

버섯주먹밥

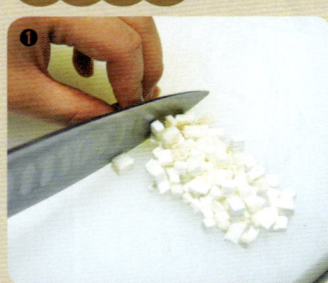

재료 새송이버섯 1개, 표고버섯 2개, 양파 30g, 애호박 30g, 당근 30g, 다진 마늘 1 작은술, 다진 파 1 작은술, 간장 4 큰술, 설탕 2 작은술, 참기름 1 큰술

❶ 새송이버섯, 표고버섯, 양파, 애호박, 당근을 잘게 자른다.
❷ 자른 버섯에 다진 마늘, 다진 파, 간장, 설탕, 참기름을 넣어 양념한다.
❸ 뜨거워진 후라이팬에 양파, 애호박, 당근 순으로 넣고 볶는다.
❹ 볶은 채소는 따로 담고, 후라이팬에 양념한 버섯을 넣고 볶는다.
❺ 밥에 볶은 채소와 양념 버섯을 넣어 잘 섞어 준다.
❻ 양념된 밥을 동그랗게 뭉치면 맛있는 버섯주먹밥 완성!

잠깐!

▶ 밥을 너무 되게 만들거나 기름을 많이 넣으면 밥알이 잘 뭉쳐지지 않으니 유의하세요.
버섯을 미리 양념해 두면 더 맛있는 주먹밥을 만들 수 있답니다.

고기 대신 버섯을!

버섯은 단백질이 풍부하고 칼로리는 적은 고단백 저칼로리 식품이면서 식이섬유, 비타민, 철, 아연 등 무기질도 풍부하다. 특히 식이섬유는 적은 양으로도 포만감을 느끼게 해 주는 역할을 하기 때문에 과식을 방지하고 대변의 부피를 늘려 배변 활동도 원활하게 해준다. 이뿐만 아니라 장내의 유해물, 노폐물, 발암물질을 몸 밖으로 내보내서 혈액을 깨끗하게 만들어 준다. 버섯은 영양소뿐만 아니라 질감이 고기와 비슷해서 건강을 위해 육류를 줄일 땐 버섯을 먹으면 좋다.

맛있는 밥은 물이 정한다!

주먹밥을 만들 때 밥을 너무 되게 만들면 밥알이 흐트러져서 잘 뭉쳐지지 않는다. 그래서 너무 되지도 너무 질지도 않은 밥을 짓는 것이 핵심! 맛있는 밥의 비결은 물의 양에 있다. 밥을 지을 때 물은 쌀 부피의 1.2배가 되도록 넣는 게 가장 좋다. 잡곡밥일 경우 1.7배로 넣고, 불린 쌀은 쌀과 물의 비율을 1:1로 맞춘다. 쌀은 물기가 충분히 스며들어야 뜸이 잘 들기 때문에 습기가 많은 여름에는 30분, 건조한 겨울에는 1시간 정도 불린다. 쌀을 미리 물에 불리는 것은 가열시 열전도를 좋게 하기 위해서다.

제7화
자존심을 건 요리 대결

띵동 띵동

응, 누구지?

어디서 편식이야!!

안녕~!

채민아, 이 시간에 웬일이야?

오랜만에 보는구나!

할머니, 안녕하셨어요.

한국에 왔는데 할머니 음식을 안 먹고 갈 수 없죠.

프랑스에 있는 동안 내내 할머니 음식 생각났어요.

오호호~. 그럴만 하지.

이 양반 때문에 얼굴이 닳겠네.

어머?

한울아, 너 아직도 편식하니?

뒤적
뒤적

아…, 아니. 누가 그래? 나 이제 채소 아주 잘 먹어!

우아~, 대단한데! 전에는 고기 없으면 밥 안 먹었는데…

고얀 녀석, 뻥치지 마라!

오히려 편식이 더 심해졌단다!

흑 들켰다

그래요? 음…, 청이야, 잠깐 나 좀 볼래?

밥 먹다가 어디를 가느냐?

금방 끝나요, 할머니.

솔직히 말해 봐.
너, 한울이 좋아하지?

예에? 그게 무슨
막말이옵니까?

생각시가 한가하게
연애나 하는 천한
것으로 보이십니까?

치~, 여우 같아.

여우라니요?

그럼 짜장면
먹던 날
왜 돌아서서
나한테
메롱했는데?

당시 상황.

내 눈치가
100단이거든.

가연이랑
윤주도 한울이
좋아하는 거
나한테 딱 걸렸어.

아…,
아니래도….

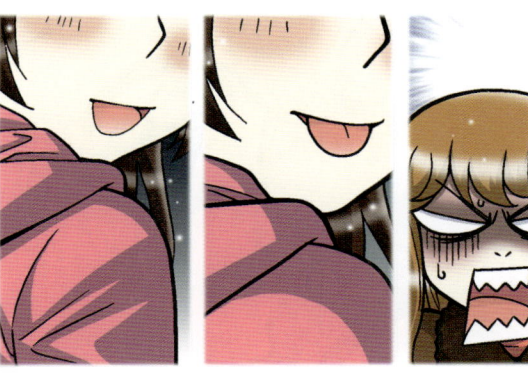

풋~, 좋아.
내 부탁 하나
들어 줘. 그럼
한울이한테는
비밀로 해 줄게.

너, 나하고
요리 대결을 하는 거야.
내가 이기면
에드워드랑 데이트하기!

헉!

에드워드가 너하고
데이트 한 번 하는 게
소원이랬거든.
이 정도면 지나친
강요는 아니지?

조…, 좋아요.
만약 제가
이기면요?

호호호,
뭐든지 말해.

도련님 근처에는
얼씬도 하지 마셔요.

어쭈?

조그만 게…!

조…, 좋아!
약속한 거다!

뭐시라!
너희 둘이
요리 대결을
할 테니
나보고 심판을
봐 달라?

이유는?

헤헤…,
그냥 학교
아이들이 청이
요리 솜씨가
뛰어나다고
칭찬을 하니까
궁금해서요.

마찬가지옵니다.

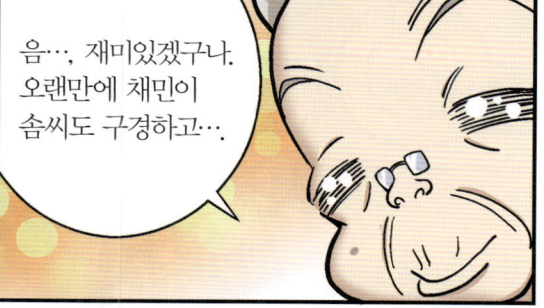

음…, 재미있겠구나.
오랜만에 채민이
솜씨도 구경하고…

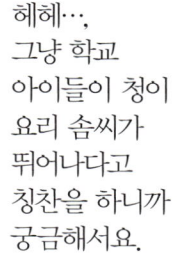

대신 요리 대결
주제는 내가
정하마.

할머니가요?

네, 그러세요.

?

이번 주제는
'한울이
밥 먹이기'다!

저 녀석이
싫어하는 재료로
요리를 만들어
많이 먹게
하는 사람이
이기는 거다!

꼴깍

그런 게
어딨어요,
할머니!

싫은 걸
억지로
먹이다니!
아악~!

빵

편식쟁이는
방에나 들어가
있어!

쿵

채민, 고맙냐!

우린 친구잖아.
데이트할
준비나 해.

오~, 오~!
벌써부터
가슴이
막 뛰냐.

흥, 김칫국부터
드시지 마시지요!
소녀도
자신 있습니다!

사랑의 큐피트 발사~!
발사~♥

그럼 지금부터
한울이가 가장 싫어하는
식재료 베스트 3을
발표하마.

두구두구두구~!

3위는…!

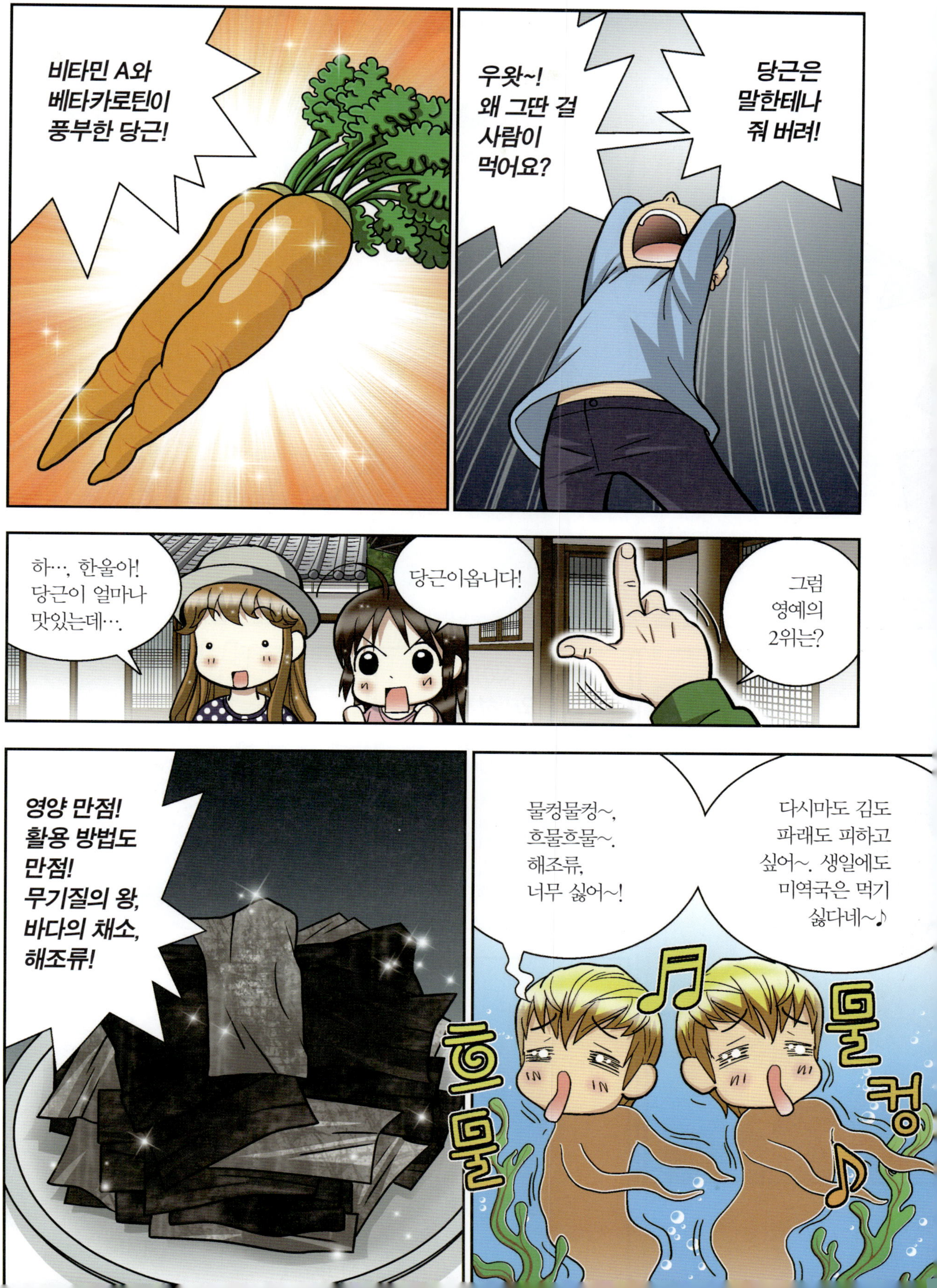

비타민 A와
베타카로틴이
풍부한 당근!

우왓~!
왜 그딴 걸
사람이
먹어요?

당근은
말한테나
줘 버려!

하…, 한울아!
당근이 얼마나
맛있는데….

당근이옵니다!

그럼
영예의
2위는?

영양 만점!
활용 방법도
만점!
무기질의 왕,
바다의 채소,
해조류!

물컹물컹~,
흐물흐물~.
해조류,
너무 싫어~!

다시마도 김도
파래도 피하고
싶어~. 생일에도
미역국은 먹기
싫다네~♪

흐물

물컹

자~, 그럼 편식쟁이 한울이가 가장 싫어하는 1위는?

콩!

빰, 빠라밤~, 빰빰빰빰, 빰, 빠라밤~!

코…, 코…, 콩. 완두콩, 강낭콩, 검정콩, 콩나물 콩, 팥, 녹두 등등!

다 싫어! 절대 요리하지 마!

빠ㄱ

몽땅 뱉어 버릴 거야! 켁~!

아하~, 그럼 오늘의 주제는 콩이군요?

좋아요. 전 완두콩 카레를 만들 거예요.

내 얘기 아직 안 끝났다.

오늘의 요리 대결 식재료는 '두부'다!

두부?

토푸(TOFU, 두부를 일컫는 미국식 발음)?

두부 요리에서 가장 중요한 것이 무엇이냐?

당연히 신선한 두부지요.

아니다!

좋은 콩이옵니다.

그래, 그거다! 두부의 생명은 건강한 콩이니라!

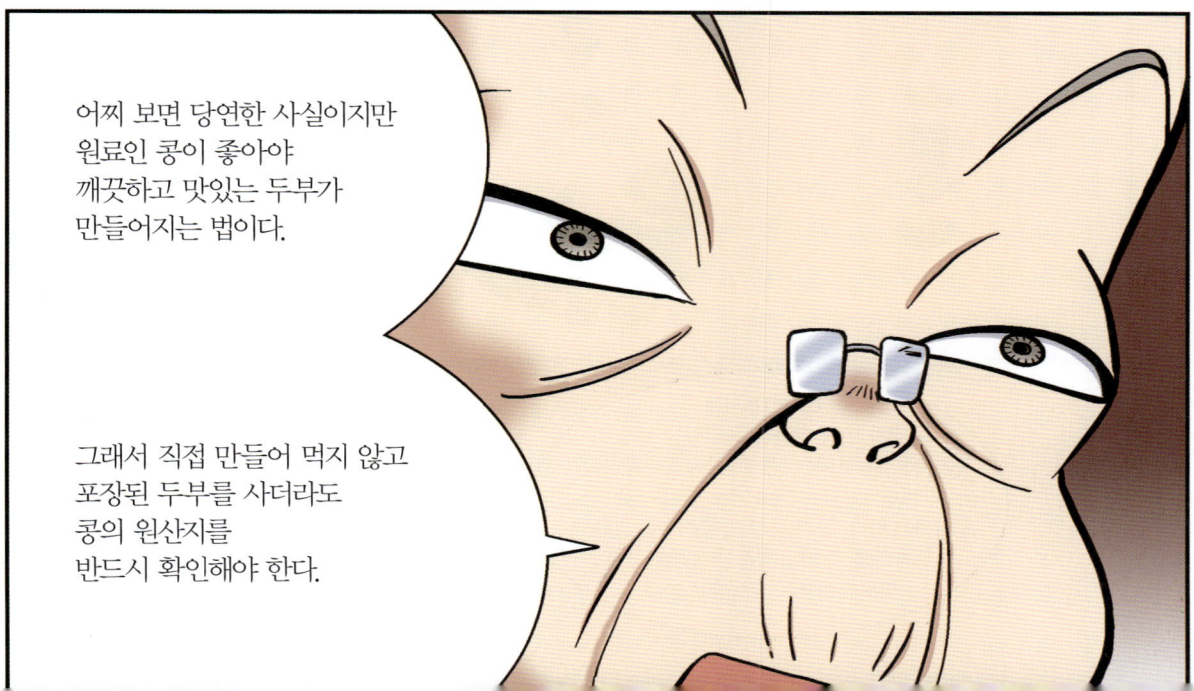

어찌 보면 당연한 사실이지만 원료인 콩이 좋아야 깨끗하고 맛있는 두부가 만들어지는 법이다.

그래서 직접 만들어 먹지 않고 포장된 두부를 사더라도 콩의 원산지를 반드시 확인해야 한다.

특히 요즘엔 '유전자 변형 콩'이
많이 사용되고 있어.
가뭄이나 벌레에 강하도록
유전자를 변형시켜서 만든 콩인데
안전하게 먹을 수 있는가에 대한
전문가들의 의견이 달라
소비자들도 좀 더 꼼꼼하게
따져 보고 선택할 필요가 있지.

요리조리 과학 이야기

좋은 콩, 좋은 두부, 그리고 GMO

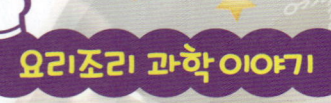

교배육종	GMO

교배는 두 개의 식물 사이에 수정이 일어나 새로운 하나의 식물이 되는 과정이다. 사람들은 원하는 형질을 가진 작물을 만들기 위해 '교배육종' 방법으로 서로 다른 형질의 식물을 인위적으로 붙인 뒤 기른다. 이렇게 기르면 멘델의 법칙에 의해 두 작물이 가진 특징이 섞인 다양한 형질의 작물이 만들어지고, 그 중 원하는 작물만 선택적으로 골라 키울 수 있다. 반면 GMO는 작물의 염기서열에 원하는 형질의 유전물질을 주입해 직접 변형시키고 기르는 방법이다.

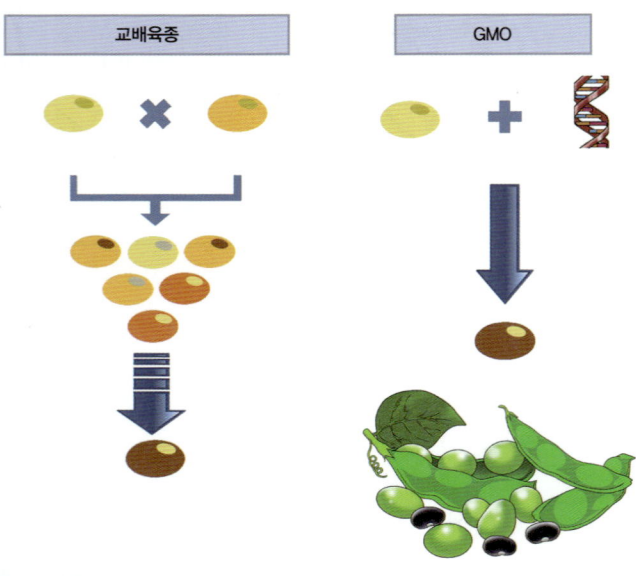

*GMO표시제
유전자 변형 식품을 표시하는 제도.
한국에서 유통되는 콩, 콩나물, 옥수수 등은
유전자 변형 농산물이 3% 이상 섞일 경우 반드시
표시해야 한다. 콩과 콩류 가공식품은 2001년,
감자와 감자 가공식품은 2002년부터
의무표시제를 실시하고 있다.

유통기한 : 제품이면에 표기일까지 (년.월.일)
내 용 량 : 1kg
원 료 명 : 된장 (98.29%)(대두 (53.10%)[유전
자 재조합 대두 포함 가능성 있
음], 쌀, 식염), 주정, 가다랑어단백
가수분해물, 향미증진제(L-글
루타민산나트륨).

할머니, 맷돌 좀 빌리겠사옵니다.

그래, 써라!

역시 할머니는 최고예요!

이제 식재료의 포장지를 더 꼼꼼히 읽어 보고 사야겠군요.

그럼 뭘 만들까?

호호호, 얘 바본가?

두부를 직접 만들려는 건 아니겠지?

콩을 가는 데만 반나절은 걸릴…, 어라?

얘 뭐니?

솟아라! 100년 묵은 조선 산삼의 힘!

슝

슝

슝

슈웅

제8화

초심으로 돌아가자

슝 슝 슝

콩은 다 갈았사옵니다.

우아~! 순식간에!

그래?

다음은 어떻게 하는지 아느냐?

예.

갈아 둔 콩물을 끓인 뒤에는 어떻게 하지?

끓인 콩물을 베 보자기에 넣고 건더기를 걸러 줍니다.

아주 잘 아는구나.
많이 해 본 게냐?

제가 혼자 만드는 건
오늘이 처음입니다.

아니옵니다.

항상 어머님께서
만드시는 걸 옆에서
도와드렸지요.

벌렁
벌렁

꼬덕 꼬덕

할머니!

그럼 유부는
써도 되지요?

그럼. 유부는
두부를 기름에
튀긴 것이니
괜찮다.

오케이!

찌릿
흥

찌리릿
흥 흥

그런데 마담, 두부는 누가 만들었냐?

찌릿~~ 없냐?

이 할미가 알기에는 중국 한나라의,

빵

희남왕 유안이 두부를 처음 만들었다 한다.

그가 도에 심취해서 오랫동안 수행했는데

지친 몸을 이끌고 산에 오르다가 8명의 신선을 만나게 된다.

펙 펙 펙

반말한 거 아니다냐. 오해 푸냐.

저기…, 진짜 신선이세요?

아하하하

진짜라니까! 속고만 살았나! 이 수염을 봐!

이렇게 귀찮은 걸 왜 기르고 있겠니?

에이, 아닌 것 같은데…. 그럼 한 가지만 물어볼게요. 알려 주면 신선으로 인정!

뭔데?

영원히 죽지 않는 불로장생의 음식을 한 가지만 가르쳐 주세요.

！

우리가 먹는 거? 우린 두부를 먹지.

그래서 난 1000살.

난 1001살.

나는 1003살. 내가 가장 형이군! 형님이라고 불러, 이놈들아.

두부?

같이 늙어가는 처지에 형님은 무슨….

그렇게 해서 알려진 게 두부라고 한단다.

히잉~

못 믿겠냐! 믿거나 말거나냐!

콩을 다 끓이고 또 짜냈습니다. 혹시 간수가 있으신지요?

이게 무엇이옵니까? 간수는 바닷물이온데….

염화마그네슘 (니가리)

1 kg

맞다. 간수는 바닷물에서 소금을 채취할 때 나오는 물이다.

간수? 있지!

요즘 바다가 오염이
돼서 간수 대신
응고제를 쓰지.
바닷물을 쓰더라도
특별히 지정한 1급수의
바닷물로만
쓴단다.

세상에나….
끝없이 넓은 바다까지
오염되었다고요?

그러게 말이다.

요리조리 과학 이야기

간수와 염석 현상

간수

천일염을 얻기 위해 바닷물에서 걸러낸 물을 간수라 한다. 바다에서 끌어온 물을 공기 중에 방치하면 물이 증발되고 훨씬 농도 짙은 소금물이 된다. 죽처럼 끈적끈적해진 소금물을 소금보다 작은 구멍을 뚫은 천이나 가마니에 담아 두면 구멍을 통해 흘러나오는 간수를 얻을 수 있다. 간수는 염화마그네슘, 황산마그네슘, 브롬화마그네슘 등 마그네슘염이 많이 들어 있어 쓴맛이 난다. 옛날부터 두부를 만들 때 응고제로 사용했으나 현재는 바닷물이 오염돼 천연 간수를 법적으로 사용할 수 없으며 염화마그네슘이라는 응고제를 만들어 쓰고 있다.

염석 현상

두부를 만들 때 콩물에 응고제인 간수를 넣으면 콩의 단백질이 서로 엉겨서 두부가 된다. 이런 현상을 염석이라고 한다. 물과 친한 '친수기'를 갖고 있는 콩 단백질은 주변에 물 분자들이 붙어 있어 서로 엉기기 힘들다. 이 때 이온이 많이 들어 있는 간수를 넣으면 이온들이 콩 단백질 테두리에 있는 물 분자를 빼앗아가고, 물 분자가 없어진 콩 단백질끼리 붙어 아래로 가라앉게 되는 것이다.

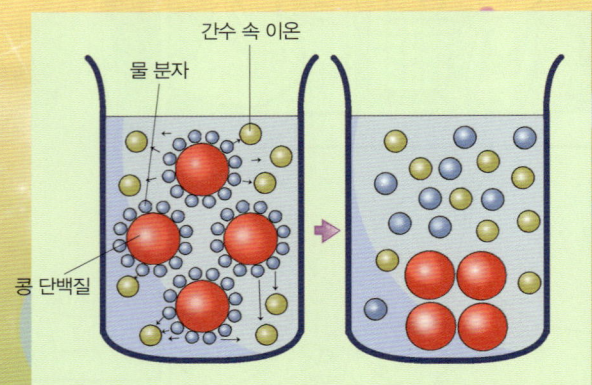

간수 속 이온

물 분자

콩 단백질

채칵 채칵

채칵

다 됐느냐?

네! 이제 곧 끝납니다!

오~, 내 사랑은 채민이 손에 달려 있냐. 꼭 이겨야 하냐!

걱정 마. 꼭 청이랑 데이트하게 해 줄게.

흥! 누구 맘대로요!

한울 도련님 곁에서나 떨어져 주시지요!

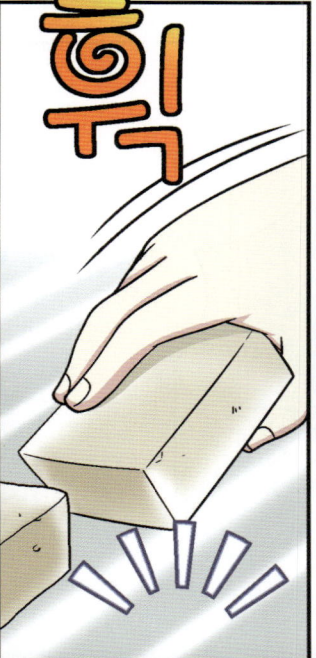

휙

앗, 내 두부! 이건 반칙이옵니다! 내놓으셔요!

헤헤헤~!

땅땅땅!

그만!

배고파서
더 이상
못기다리겠다!

청이부터 음식을
설명해 보거라.

바로 만들어서 더욱
고소한 연두부이옵니다.

양념장, 새싹 채소,
명주 다시마를
올렸습니다.

음~

50점!

꾹

제법이구나.
청이 점수는…

헤~♬

풀

썩

만세!

쉬잇
~

청아, 네가
왜 50점인지
아느냐?

소…, 솔직히
모르겠사옵니다.

왜 두부를 만든 것이냐?

이 할미가 만들어 놓은
두부가 있는데!

예?

네가 배운 것도 많고
아는 것도 많다.
그런데 너는
음식을 먹는 나한테
신뢰를 얻으려고
노력하기보다는

계속 '난 이만큼
알고 있어요'라고
뽐내고 싶어 했다.

아…,
아니옵니다.

어느 손님이 요리사가
처음 만들어 본 음식을
먹고 싶겠느냐!

앗!

혼자서 처음
만드는 두부를
요리 경연에
내놓을 수
있는 것이냐!

항상
나보다는
내 음식을
드시는 분을
생각하거라!

마…, 맞는
말씀이옵니다.

죄송합니다.

꾸벅

다음은
채민이가
설명하거라.

네, 제 요리는
유부잡채인데요.

고기 대신 유부를
넣어서 식감이 매우
쫄깃쫄깃합니다.

으쓱

으쓱

이런 건 나밖에
못 만들지롱~!

특히 건강식을 만들고 싶어서
조미료를 쓰지 않아도 맛있는 음식이
있다는 걸 보여드리고 싶었어요.

호호호~,
할머니!
너무 많이
드시는 거
아니에요?

냠
냠
냠

슬쩍

!

메~, 롱!
이건 복수야!

꺼~억

그럼,
채민이 점수는?

너도 50점!

예에?

할머니?

제가 저런 꼬맹이랑 어떻게 점수가 같나요?

너도 마찬가지야.

예?

난 우리 채민이가 이렇게 약은 아이인 줄 오늘 처음 알았구나.

너희들 내 실력 봤지~, 나 학생인데 요리를 이렇게 잘할 수 있어~!

아··; 아니···! 전 그런 게 아니라···!

이런 마음으로는 훌륭한 요리사가 될 수 없다, 꾀와 자만심으로는 요리를 할 수 없어.

아아···!

내가 욕심 때문에….

어머니의 가르침을 잊었구나…!

오늘은 반찬이 봄동무침 하나뿐이구나. 미안해서 어쩌나.

아닙니다, 어머니! 그래도 아주 맛있사옵니다.

고맙구나, 우리 딸!

이 어미도 청이가 맛있게 먹게 정성을 다해 무쳤단다.

헤헤~♬

어머머, 너 왜 우니?

억울한 건 난데!

으아아앙

으앙

청이야!
무슨 일이야?

왜 우니?
누가 그런
거야?

어디 가?

할머니가
또 혼냈구나!
맞죠?

뭬야?
이놈, 생사람
잡네! 아니야!

그럼
또 너니?

또…,
또라니?

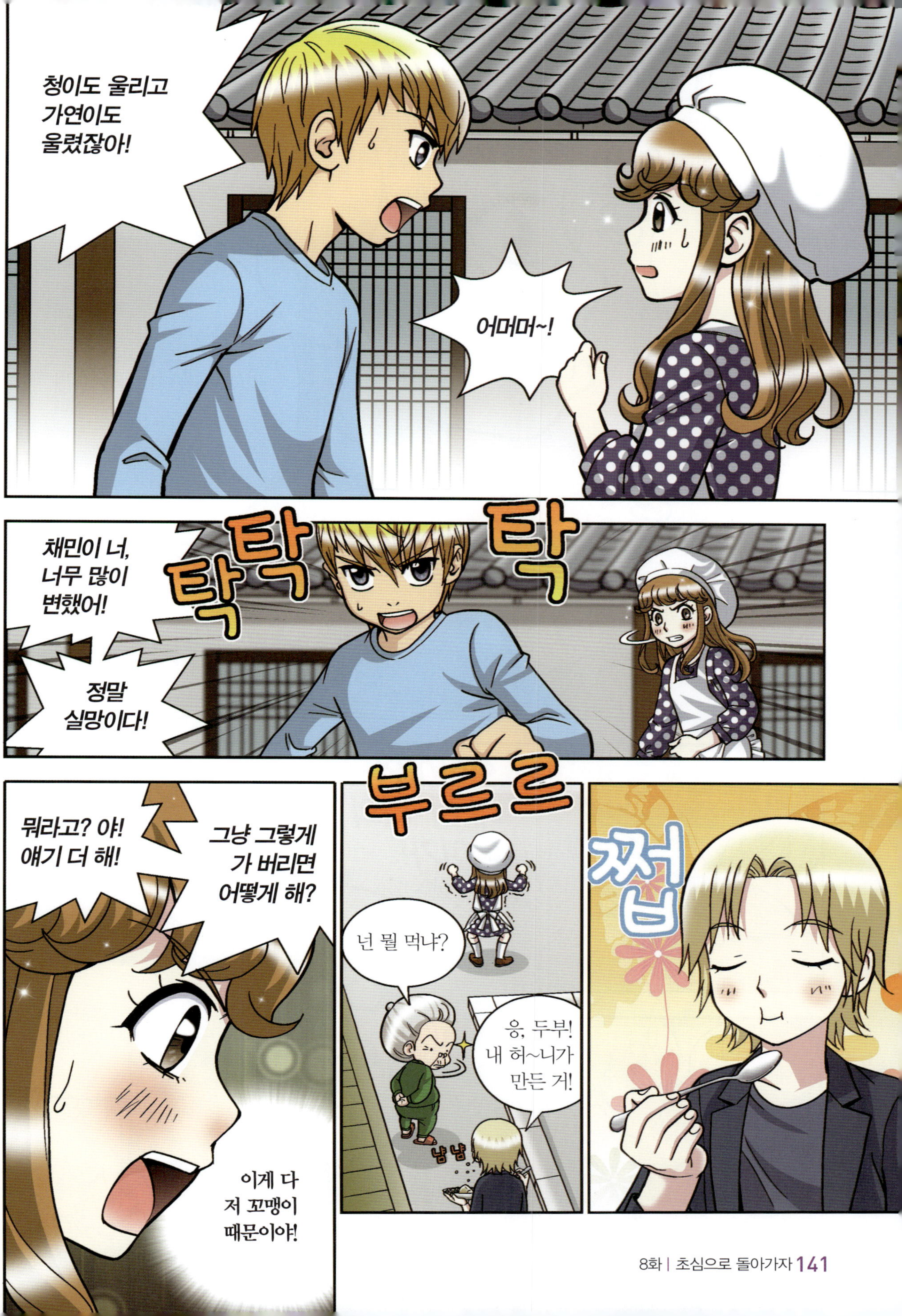

청이도 울리고 가연이도 울렸잖아!

어머머~!

채민이 너, 너무 많이 변했어!

정말 실망이다!

탁탁 탁

부르르

뭐라고? 야! 얘기 더 해!

그냥 그렇게 가 버리면 어떻게 해?

이게 다 저 꼬맹이 때문이야!

넌 뭘 먹나?

응, 두부! 내 허~니가 만든 거!

냠냠

쩝

마담.

내가 한 가지 비밀을 말해 주냐?

오물

오물

나는 누구든 먹은 음식만 봐도 그 사람이 어떤 사람인지 알 수 있냐.

또 음식을 맛보면 요리사가 어떤 사람인지도 알 수 있냐.

우라질~! 뭔 소리야, 이놈!

어?
어어…, 어?

땡그랑

으아아앙~! 내 허~니의 나이가!

500살이 넘냐!

히익~! 어떻게 알았지?

왜 그러니, 에드워드?

그리고 코리아 팰리스도 보이냐!

또 많은 여자아이들…, 무서운 마담들!

오호~! 이놈 참 신기하게 잘 맞추네.

그럼요. 에드워드가 저 능력으로 르꼬르동 블루에 입학했는데요.

앗, 그럼 청이는 진짜 생각시예요?

그래. 사실은 이 할미보다 더 할머니지.

!

일주일 후.

안녕히 계세요. 할머니!

그래, 잘 가거라!

네.

잘 가!

응. 요리스타 대회에서 꼭 우승해.

그래야 세계대회에서 또 만나지.

끄덕 끄덕

그리고…

이제 우리 사귀는 사이 아니지?

그냥 친구?

끄덕

끄덕

응. 좋은 친구.

나 정말 많이 생각했냐.

그깟 나이 차이 500살 쯤 사랑으로 극복할 수 있냐.

요즘은 연상연하 커플이 대세냐!

할머니, 사랑하냐!

꼬옥

언젠가는 꼭 내 사랑을 받아 주냐! 허~니~♥

죄송해요, 외국 도련님!

궁에 들어온 이상 저는 왕과 세자마마의 여자랍니다.

하지만 하늘이 허락하신다면 다음 생에는 꼭 데이트 해 드릴게요. 안녕!

저는 조선 시대에서 온 생각시랍니다.

그래서 누구와도 사귈 수가 없어요.

척
좌르르
와
여러분,
안녕하십니까!
오늘 요리스타
코리아
3차 대회가
열립니다!
총 3000여 명의
도전자가 참가해
2번의 예선전을
치르고 남은
26명의 최종
도전자들!
와아
이 중에서
오늘 요리스타
코리아의
우승자가
결정됩니다!
와아아
벌써부터
가슴이 떨리는데요.
와아
와

괴~팍

스승님, 얼굴이
TV에 잡혔어요.

오잉!

윽, 갑자기
인자해 지셨다.

참가자 여러분은
모두 조리대 앞으로
입장해 주세요!

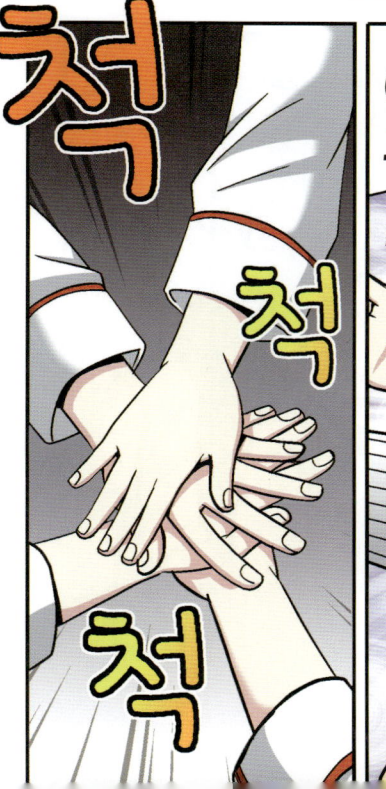

척

척

척

아자~, 아자~!
파이팅!

아아…,
잘 들리죠?

그럼
오늘의 미션을
말씀드리겠습니다.

최종 결승전의 미션은 바로 여러분 앞에 있는 미스터리 박스입니다!

이게 무엇이옵니까? 빵 도련님!

응, 과제가 숨겨진 상자라는 뜻이야.

벌렁 벌렁

어른들이 하는 진짜 요리 경연처럼 식재료의 이해와 창의력 그리고 요리의 완성도를 보게 될 거야.

역시 결승전이라 다르네..

그럼 미스터리 박스를 열어 주세요!

앗~!

엇?

아니, 이…, 이게 무슨 꼬부랑 글자이옵니까? 감자 한 톨도 안 나오고.

'칼로리'라는 뜻이야.

카…, 칼 뭐요?

칼로리란 물체가 탈 때에 생기는 열량을 계산하는 단위야.

그러니까 1cal는 1g의 순수한 물을 1℃ 높이는 데 필요한 열량이야. 영양학에서는 이 단위로는 너무 작기 때문에 1000배 큰 단위를 써. 즉, 1kg의 물을 1℃ 데우는 열량 1kcal, 또는 1Cal를 쓰지.

하나도 모르겠사옵니다.

칼로리란?

칼로리는 '열'을 뜻하는 라틴어 깔로르(calor)에서 유래한 말로 체내에서 발생하는 에너지의 양을 말한다. 우리는 음식을 통해 에너지를 얻어 체온을 유지하고 음식을 소화하는 등의 운동을 할 수 있다. 이 에너지를 열량 또는 칼로리라고 한다. 성인 한 명이 하루를 보내는 데 필요한 권장 칼로리는 3000kcal, 힘든 운동을 했을 때에는 더 많은 에너지가 필요한 만큼 쉽게 배고픔을 느낀다. 우리가 흔히 식품의 열량표에서 볼 수 있는 열량의 단위인 Cal이 바로 칼로리다.

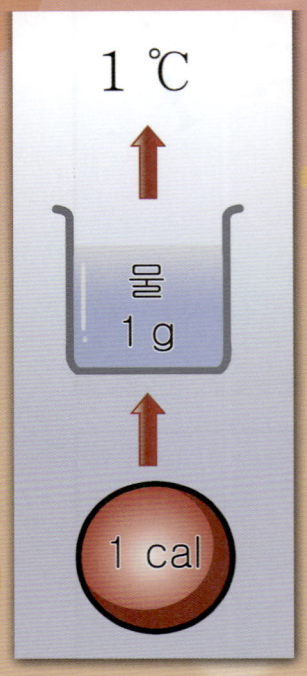

1 ℃

물
1 g

1 cal

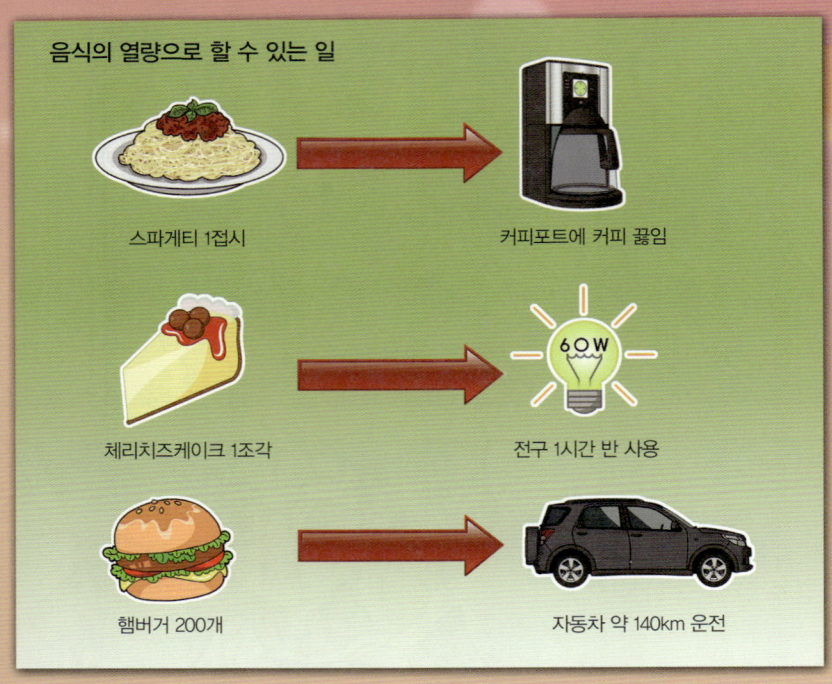

음식의 열량으로 할 수 있는 일

스파게티 1접시 → 커피포트에 커피 끓임

체리치즈케이크 1조각 → 전구 1시간 반 사용

햄버거 200개 → 자동차 약 140km 운전

아직도 이해가 안 가?

예.

그럼 그냥 간단하게 생각해. 준비되어 있는 식재료를 이용해서 가장 배가 부르면서 살이 안 찌는 음식을 만드는 미션이야.

배가 부르면서 살이 안 찌는 음식을 만들라고요?

그게 말이 됩니까?

이번 미션은 모두 이해했겠죠?

제한 시간은 1시간입니다! 어떤 음식을 만들든지 자유!

식자재 창고는 오른쪽! 그럼 시작!

너희는 준비 됐니?

아…, 아직 생각중이야.

?

에~취

!

너 감기 걸렸니?

그…, 그런가 봅니다. 코감기.

훌

쩍

큰일이야! 그럼 냄새를 못 맡잖아!

정혜정 선생님의 요리 교실

카나페는 빵이나 크래커 위에 치즈, 참치 등 여러 가지 재료를 올려서 한입에 먹을 수 있게 만든 요리예요. 먹기 편해서 전채요리나 간식으로 좋죠. 이번에는 콩을 싫어하는 한울이가 부담 없이 먹을 수 있도록 빵 대신 두부로 카나페를 만들어 볼 거예요. 두부와 야채로 만드는 영양 만점 간식 두부 카나페, 친구들도 함께 만들어 봐요.

두부 카나페

재료 두부 한 모, 햄 조금, 양송이 2개, 스위트 콘 약간, 양파, 마늘, 애호박, 당근, 피자소스 1 큰술, 치즈 2 큰술, 소금 1 작은술, 식용유 2 큰술

❶ 두부는 6cm×3cm×2cm 크기로 썰고 소금을 뿌려 간을 한다.

❷ 두부의 물기를 제거한 후 안쪽을 파낸다.

❸ 햄, 양송이, 당근, 애호박, 양파, 마늘을 잘게 썬다.

❹ 햄, 양송이, 당근, 애호박, 양파, 스위트 콘, 마늘을 팬에서 볶아 토핑을 만든다.

❺ 팬에 기름을 두르고 두부를 굽는다.

❻ 토핑 위에 피자소스와 치즈를 올린 뒤 오븐에 치즈가 녹을 때까지 구워 준다.

잠깐!

▶ 오븐이 없다면 약한 불로 가열한 팬에서 뚜껑을 덮어 치즈를 녹여요. 두부 안쪽을 파낼 때 칼 대신 티스푼을 사용하면 안전하게 요리할 수 있어요.

부침엔 단단한 두부, 찌개에는 연한 두부.

두부는 만드는 방법에 따라 여러 종류로 구분한다. 부드러움이 특징인 순두부는 콩물에 응고제를 넣은 뒤 구멍이 없는 틀에 넣고 그대로 굳힌 것이다. 무거운 것으로 누르지 않기 때문에 조직이 균일하고 부드러워 소화가 잘 된다. 순두부보다 좀 더 단단한 연두부는 보통 두부와 순두부의 중간 정도인데 주로 찌개나 만두소를 만들 때 쓴다. 부침요리를 할 때는 응고제를 많이 넣거나 더 강하게 눌러 만든 단단한 두부를 사용한다.

두부를 부치기 전엔 꼭 소금 간!

두부를 튀기거나 부칠 때 가장 큰 문제는 물이다. 물을 완전히 제거하지 않으면 기름도 많이 튀고 뒤집을 때 쉽게 부서지기 때문이다. 그래서 필요한 것이 바로 소금. 조리하기 전, 미리 두부에 소금을 조금 뿌려 두면 좋다. 삼투압 현상에 의해 두부에서 물이 빠져나와 팬에서 부칠 때 기름이 튈 염려가 없고 두부가 단단해져 모양도 오래 유지할 수 있다. 또 소금 간이 배어서 다른 양념을 더하지 않아도 맛있는 두부 요리가 완성된다.

韓食

제9화

어머니는 답을 알고 있다

훌쩍
훌쩍

아…, 아뇨.
냄새를 완전히 못 맡을
정도는 아니옵니다.

3번
테이블!

학생 이름이
뭐였지?

예~!

심청이라고
하옵니다.

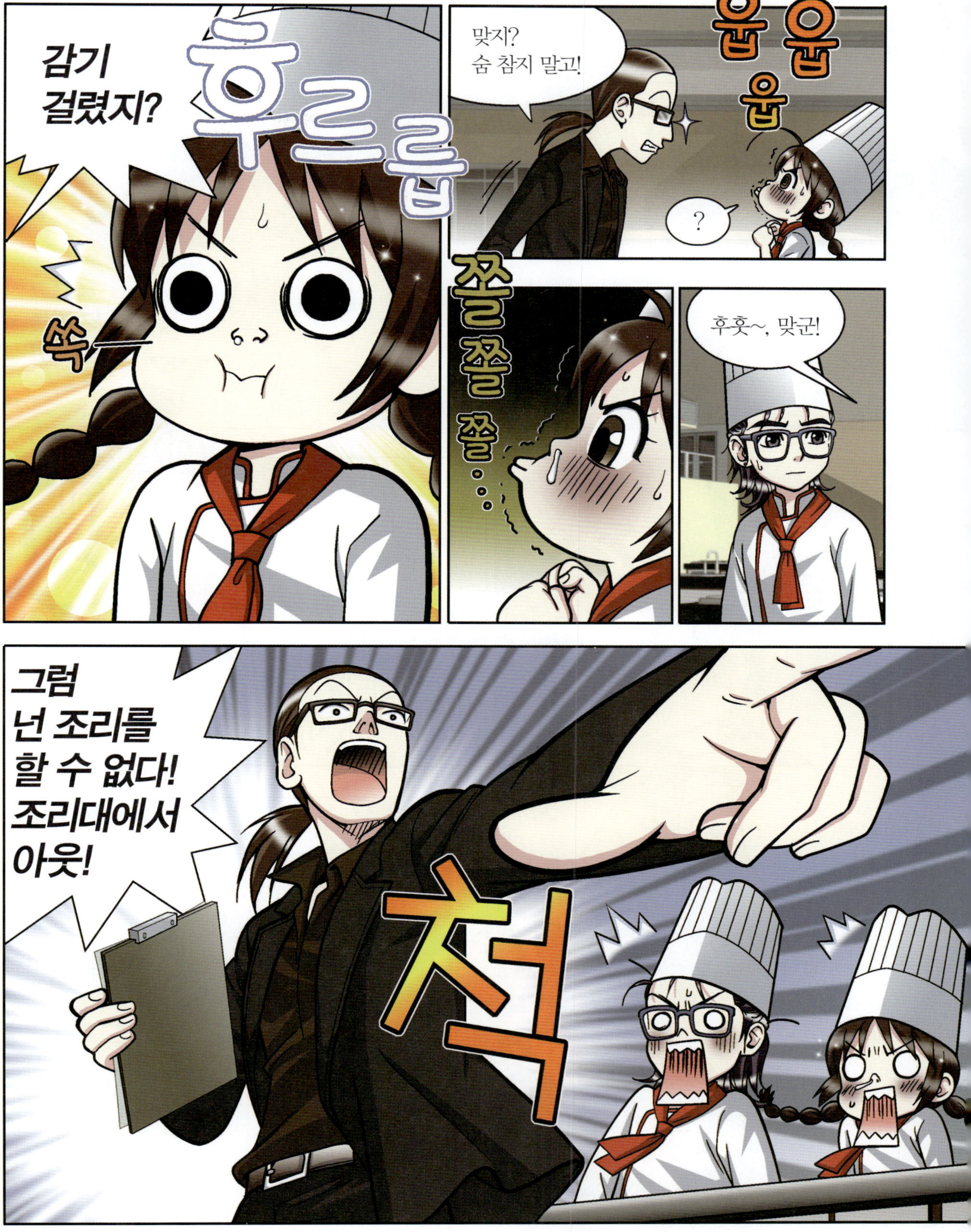
감기 걸렸지?
후르릅
쏙
맞지? 숨 참지 말고!
읍 읍 읍
?
쫄 쫄 쫄...
후훗~, 맞군!
그럼 넌 조리를 할 수 없다! 조리대에서 아웃!
척

그건 너무 심하세요, 심사위원장님!

아…, 아웃이 무엇이옵니까? 꼬부랑 말은….

너보고 나가라는 말이야!

아…, 아니 되옵니다.

울먹

울먹

소녀를 버리지 마옵소서.

전 조선의궤를 찾아서 조선으로 돌아가 어머님의 잃어버린 미각을 돌려 드려야 합니다.

질 질 질

어머머~! 얘 왜 이러니?

청이야, 왜 그러니?

고뿔(감기)이 손으로
옮겨집니까?
신기하옵니다!

야!
당연하지!

너 정말
조선 시대에서
왔니?

그리고 지금은
식중독 균이
가장 좋아하는 계절,
여름이라고!

식중독? 배앓이
말씀이옵니까?

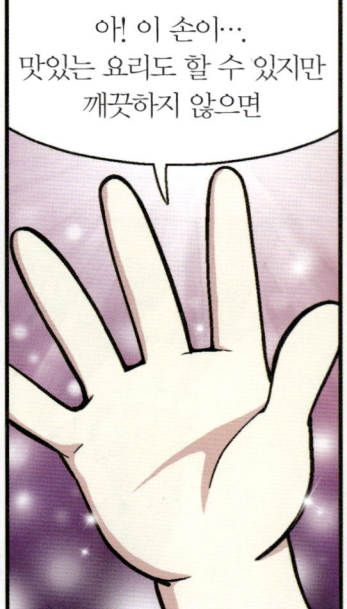

아! 이 손이…
맛있는 요리도 할 수 있지만
깨끗하지 않으면

남을 해할 수도
있구나.

그래. 그래서
조리사는
손 청결이 가장
중요해!

당신의 손은 병균 창고?

손 씻기는 각종 질병에 걸리지 않도록 예방하는 아주 간단한 방법이다. 손은 모든 표면과 직접 접촉하는 부위여서 각종 세균과 바이러스를 몸 안으로 전파시키는 매개체다. 대부분의 감염성 질환은 공기를 통해 전염된다고 생각하지만 실제로는 손에 묻은 세균과 바이러스가 눈이나 코, 입과 접촉하여 전염되는 경우가 더 많다. 예를 들어 감기바이러스는 감기에 걸린 사람의 손에서 책상이나 문의 손잡이 등에 옮겨져 있다가 그걸 만진 사람의 손으로 옮아가고 그 손에 의해 다시 코나 입 등의 점막으로 전해져서 감염된다. 이렇듯 질병의 70%가 손을 통해 전염되지만 손 청결에 대한 사람들의 관심은 그다지 크지 않다. 감염내과 전문가들은 "감기. 눈병 등을 일으키는 병균들이 주로 손을 통해 옮겨 다니므로 평소에 손만 제대로 씻어도 수많은 질병을 예방할 수 있다"고 말했다.

눈병을 일으키는 헤모필루스균.

화장실 용변 후 손에 남는 대장균.

설사 나게 하는 시겔라균.

폐렴을 일으키는 뉴모니아균.

목을 아프게 하는 스트렙토균.

황달과 설사를 일으키는 간염A바이러스.

여드름을 만드는 황색포도상구균.

상처를 곪게 하는 슈도모나스균.

귓병을 일으키는 박테로이드균.

으으으…!
무슨 애 손힘이
이렇게 세!
부들 부들
다리가
저려서 걸을
수가 없네!
쾅
와아
요리스타
코리아
Cooking star chef
in Korea
와아아
오잉?
척

그럼 둘 다 탈락시킬 거야!

끄덕 끄덕

학생 사정이 딱해서 내가 특별히 봐주는 거야.

뒤에서 조리에 대한 상의와 조언은 할 수 있지만 음식은 만들 수 없어.

Cooking star chef

멋지시어요, 빵 도련님!

걱정 마, 청이야. 조리는 나한테 맡겨! 나, 좋은 아이디어도 생각났어.

우리가 우승하면 알지?

뭘요?

또 데이트 해 주기! 후홋~!

뿡 뿡

꺅~!

이 양반이 또 날아가고 싶나?

약속 지켜!
난 재료 가지러
간다.

얼레~?
혼자서 북 치고
장구 치시네.

앨버트,
넌 뭐 할 거니?

난 이미 정했어.
호밀빵!

호밀빵?

오늘의 문제는
칼로리.
즉 칼로리가
낮은 다이어트
음식을 만들라는
거잖아.

호밀빵은 밀 단백질인
'글루텐'이 없어서 알레르기가
있는 사람도 부담없이
먹을 수 있어.

질감이 다소 거칠지만
섬유소도 많아서 소화가
잘 돼. 또 적은 양을 먹어도
포만감을 느낄 수 있어
다이어트 식품으로
인기가 많지!

가연이가 왜?
제과제빵
전공도
아니잖아!

나도
모르지.

호밀빵, 가연이가
먼저 만들고 있어.

뭐?

호밀빵을
만들어야지!

왜냐면?

청이를
떨어뜨리려고!
메~롱!

?

너희들도 그냥
싫은 애 있지 않아?
나한텐 청이가
그래.

이젠 이용 가치도
없는 애거든!

가연이가 호밀빵을 먼저 만들고 있어. 우린 어떻게 하지?

……

쟤는 원래 친구들 말 안 들어!

청아

청아

당황하지 말고 어머니를 생각하렴!

미각을 잃은 어머니는 어떻게 음식을 만드셨을까?

아…, 그래!

후각을 잃은 청이! 과연 위기를 극복할 수 있을까?
갈수록 흥미진진한 요리대결!《요리스타 청》5권을 기대해 주세요.

계속

정혜정 선생님의 요리 교실

살이 쪄서 고민이지만 간식은 포기할 수 없다면 현미보리증편을 먹어 보아요. 현미보리 증편은 요리스타 코리아 최종 미션인 '배는 부르면서 살이 안 찌는 음식'에 아주 적합한 간식이랍니다. 건강에 좋고 다이어트에는 더더욱 좋은 여름 맞춤 간식, 현미보리증편! 다 같이 만들어 볼까요.

현미보리증편

재료 멥쌀가루 400g, 보리가루 300g, 현미가루 300g, 막걸리 200g, 설탕 조금, 소금 조금, 이스트 2g, 물 350g

❶ 막걸리에 설탕과 소금을 녹이고, 이스트는 40℃ 물에 넣어 20분간 발효시킨다.

❷ 멥쌀가루에 보리가루, 현미가루, 막걸리와 발효된 이스트를 섞고 물을 조금씩 넣어가며 저어준다.

❸ 랩을 덮어 35~40℃에서 3시간 발효시킨다.

❹ 2배로 부풀어 오른 반죽을 충분히 저어 공기를 빼내고 다시 랩을 덮어 2시간 발효시킨다.

❺ 2시간 뒤 반죽이 3배로 부풀면 한 번 더 공기를 빼내고 증편틀에 70~80% 차게 반죽을 부어 준다.

❻ 김이 오른 찜통에서 약불 15분 → 강불 20분 → 약불 10분으로 불 조절을 하며 찐다.

잠깐!

▶ 반죽에 오미자가루, 녹차가루를 넣으면 예쁜 색을 낼 수 있어요 기호에 따라 대추, 잣 등 고명을 만들어 반죽 위에 올려도 좋아요.

술로 빚어 여름에도 잘 안 상하는 떡, 증편

증편은 멥쌀가루를 막걸리로 반죽해 발효 과정을 거친 뒤 부풀린 떡이다. 부드럽고 달착지근한 맛이 특징이다. 술로 부풀린다 해서 '술떡'이라고도 불리는 증편은 쉽게 굳지 않고 여름에도 잘 상하지 않는다. 냉장고가 없었던 과거에 긴 여름의 더위를 이기려는 조상의 지혜가 담겨있는 것이다. 칼로리가 낮고 소화도 잘 돼서 다이어트 음식으로도 딱 좋은 증편! 막걸리를 넣었지만 먹어도 취하지 않으니 걱정 말고 즐기자!

완성되기 전에는 절대 뚜껑을 열지 않는다!

찜통에 증편을 찔 때 완성되기 전까지 뚜껑을 열면 안 된다. 발효과정에서 생긴 반죽 속의 기체가 뜨거운 열을 받아 증편을 부풀어 오르게 한다. 그런데 중간에 뚜껑을 열면 증편에 찬 공기가 닿아 증편이 부풀어 오르는 것을 방해한다. 또 반죽 속 단백질도 제대로 응고되지 않는다. 단백질은 일정 온도와 시간이 지나야 완벽하게 응고되기 때문에 뚜껑을 열지 않고 충분히 오래 쪄야 증편을 맛있게 즐길 수 있다.